中国
畜牧兽医管理体系

陆有飞／主编

中国农业出版社
北京

前 言

FOREWORD

中国畜牧兽医事业是现代农业发展的重要支柱，其管理体系的建设直接关系到畜牧产业的健康及可持续发展和公共卫生安全。《中国畜牧兽医管理体系》立足于中国畜牧兽医行业的历史积淀与新时代发展需求，系统梳理了中国畜牧兽医管理体系组织架构、历史沿革和工作职能，以及畜牧兽医行业技术标准、技能人才管理与法律法规的建设，旨在为行业从业者、政策制定者及学术研究者提供全面的参考；也为畜牧行业管理者、科研人员及从业者提供借鉴，共同推动区域现代畜牧业的高质量发展。

根据教育部、广西壮族自治区人民政府联合印发的《推动产教集聚融合打造面向东盟的职业教育开放合作创新高地实施方案》及广西壮族自治区人民政府办公厅印发的《广西壮族自治区市域产教联合体建设指导意见》等文件精神，广西壮族自治区教育厅组织开展了广西壮族自治区市域产教联合体、广西壮族自治区行业产教融合共同体、中国—东盟技术创新学院、中国—东盟现代工匠学院的申报评审工作。2024 年 2 月，广西农业职业技术大学获批成为中国—东盟现代畜牧技术创新学院立项建设单位。鉴于此，编者确立研究视角，基于东盟国家畜牧业发展普遍基础薄弱，技术水平不高，管理体系不完善等情况，为助力中国—东盟现代畜牧技术交流与合作，通过调研并查阅中国畜牧兽医管理体系机构改革、法律法规、技术标准等诸多资料，收集整理了多方数据，深入研究，本着求实、准确的原则，精心编写了《中国畜牧兽医管理体系》，作为学校面向东盟开展"中文＋技术创新"培养、培训的参考资料。

本书共分 7 章。第一章从总体上简述了中国畜牧业概况，包括地位、规模和发展趋势；第二章论述了中国畜牧兽医行政管理体系的组织架构、历史沿革和工作职能等情况；第三章论述了中国畜牧兽医技术体系的组织架构、历史沿革和工作职能等情况；第四章简述了中国畜牧兽医技能人才管理；第五章介绍了中国畜牧兽医技术标准情况；

1

第六章从畜牧法规和兽医法规两个板块介绍了中国畜牧业管理的立法情况；第七章是对中国畜牧兽医管理体系未来发展的展望。书中配有统计图表作为数据支撑，详尽描述了中国畜牧兽医管理体系的发展与改革现状，旨在为读者研究中国畜牧兽医管理体系发展历程提供参考资料。

在本书的编写、编校和出版过程中，广西农业职业技术大学各级领导和相关教师给予了大力支持，付出了大量的精力和心血。在此，特向各位同志表示衷心感谢。因编者水平有限，信息资料收集不够全面准确，本书错误或遗漏之处在所难免，恳请有关专家和读者批评指正，以便再版时修改完善。

编　者

2025 年 3 月

目 录
CONTENTS

第一章 中国畜牧业概况

畜牧业是指以植物或动物性资源作饲料，利用驯化的陆栖动物的自然再生产能力，获得人类必需动物性产品的一种产业。畜牧业作为农业的关键组成部分，在我国的经济发展和民众生活中占据着举足轻重的地位。畜牧业不仅源源不断地为人们供应肉、蛋、奶等各类必需的农产品，极大地丰富了人们的餐桌，满足了人体对蛋白质及其他重要营养成分的需求，有力地保障了国民的身体健康，还在推动农业经济增长、促进农民增收致富以及维护生态平衡等多个层面发挥着不可替代的重要作用。中华人民共和国成立70多年来，中国畜牧业经历了从计划经济到市场经济，从家庭散养模式到规模化、集约化、智能化养殖模式，已经基本满足了全国人民生活中对肉、蛋、奶的需求。但是，中国畜牧业在产业结构趋于稳定、产能提高的同时又面临产业升级与生态协调的双重挑战。

第一节 中国畜牧业的地位

一、国际地位

中国是世界上拥有丰富的畜牧业资源和悠久的畜牧业生产历史的国家之一。中国自1990年起肉类总产量持续保持全球第一，覆盖猪、牛、羊、禽肉及禽蛋等主要品类。目前，中国畜牧业的国际地位呈现出"规模领先但综合竞争力待提升"的双重特征。肉牛产业和奶业竞争力指数分别在124个、132个国家中排名第34位和第42位，可见现阶段中国肉牛产业和奶业竞争力相对较弱。

根据中国农业科学院发布的《中国农业产业发展报告2023》显示，2021年，中国畜牧业竞争力指数在135个国家中排名第5位，总体竞争力较强，但仍有不少卡脖子的问题亟待解决。蛋禽产业竞争力指数全球排名第1位，处于绝对领先地位；生猪、肉羊和肉禽产业竞争力指数分别位列全球第6、5、7位。

中国畜牧业综合竞争力有待提升。一是绿色生产技术有待提升。具体而言，针对畜牧生产中甲烷、二氧化碳等温室气体排放问题，对应的减排技术（如饲料添加剂调控、精准饲喂优化、低碳养殖模式构建及粪污低碳处理等技术）有待突破；针对畜禽污染治理问题，相关的治理与资源化技术（如粪污资源化利用、养殖废水深度处理、病死畜禽无害化处理及源头减量等技术）仍需进一步优化，以实现污染物高效消减与养殖废弃物循环利用。二是良种繁育体系有待提升,虽然我国畜禽种质资源丰富,但受育种体系制约,良种化程度低、生产水平不高。目前我国生猪、肉牛、肉羊、奶牛以及肉鸡优良品种对外依存度高,其中自主培育的白羽肉鸡品种仅占我国饲养的所有白羽鸡的15%。三是国际竞争力有待提升。虽然目前我国畜牧业总体规模世界第一(生猪出栏量在全世界所占的比例常年保持在50%以上,在世界上稳居第一位;肉牛产业的发展成绩也十分突出,肉牛存栏量在全世界所占的比例从1983年的1.66%增长到25%以上;自20世纪90年代以来,中国绵羊、山羊的存栏和出栏量,羊肉产量均居世界第一位,是世界上最大的羊肉生产国),但我国畜牧业产品国际贸易额在全球畜牧业产值中所占的比重却很低,主要是畜禽养殖生产效率不高,普遍低于欧美、日韩等发达国家,导致生产成本高。(《中国农业产业发展报告2023》)

联合国粮食及农业组织(Food and Agriculture Organization of the United Nations,以下简称FAO)《2024年世界粮食及农业统计年鉴》的最新数据表明,中国畜牧业的世界地位正日益上升,在世界上发挥着越来越大的作用(表1-1)。

表1-1　2022年中国畜产品国际地位

品种	总产量（吨）		总产量 世界排名	人均占有量（千克）		人均占有量 世界排名
	中国	世界		中国	世界	
肉类	92 948 518	360 617 707	第1位	66.10	62.09	第69位
蛋类	3 019 185	8 060 532	第1位	24.50	11.10	第5位
奶类	39 914 927	930 295 013	第4位	28.50	117.00	第120位

数据来源:《2024年世界粮食及农业统计年鉴》

二、国内地位

经过改革开放40多年,特别是党的十八大以来的发展,我国畜牧业取得了举世瞩目的历史性成就:生产能力不断增强,产业素质显著提升,绿色发展取得重大进展,质量安全达到较高水平,为保障我国居民"吃得饱""吃得好"作出重要贡献。畜牧业在农业乃至整个国民经济中占据着重要的地位,对于农业和整个国民经济的持续发展提供了有力支撑。畜牧业是我国农业农村经济的支柱产业,是满足人们对肉蛋奶需求的战略产业,也是促进农牧民增收和实现乡村振兴的重要产业。畜牧业稳定发展,对于构建多元化食物供给体系,确保我国粮食和重要农产品稳定安全供给,建设农业强国具有非常重要的意义。

（一）畜牧业是保障人们生活、营养和健康水平不可缺少的产业

畜产品是人类所需能量和蛋白质最重要的供给来源,其所提供的能量供给占16%左右,蛋白质供给占35%左右,发达国家畜产品营养供给所占比例更高。

随着生活水平的提高，人们对肉、蛋、奶的需求增大，对其产品质量要求也更高。动物毛、绒、羽是皮革加工等轻工业的重要原料。动物脏器、血液可以作为制药业的原料；某些动物还用于异种器官移植实验。特别是近年来，宠物行业蓬勃发展，动物为人类带来快乐，成为人类的亲密朋友。总之，人们生产、生活越来越离不开畜牧业。

（二）畜牧业促进农业持续协调发展

畜牧业在大农业中占有重要地位，发达国家畜牧业经济占农业产值的比重超过50%。畜多、肥多、粮多，农牧结合，以农养牧，以牧促农，是客观规律，也是发展趋势。畜牧业的健康发展能够促进农业可持续协调发展，推动农业现代化进程。

（三）畜牧业可以吸纳农村劳动力就业，增加农民收入

根据第三次全国农业普查结果，截至2016年末，从事畜牧业的人员多达1 099.77万人。在畜牧业发达的地区和国家，畜牧业产值占农业产值的比重要超过50%，农民的畜牧业收入占全部收入的30%左右。发展现代畜牧业可增加养殖户收入，进一步缩小城乡居民收入差距。

（四）畜牧业产品是重要的出口创汇产品

创汇型畜牧业有利于我国畜牧产业走出去，开拓国际市场，但该类型产业容易受国际因素影响，国际市场好，畜牧业创汇高，国际市场低迷，则会导致畜产品的价格波动。我国借助"一带一路"的历史机遇，与有关国家、地区的产业协同发展，使出口创汇型畜牧业得到了大力发展。

第二节　中国畜牧业的总体规模

一、畜牧业总产值与产量

改革开放以来，中国畜牧业总产值呈现出显著的增长态势，1978年，中国畜牧业总产值为209.3亿元，占农业总产值的15.0%。1978—1992年，畜牧业总产值年均增长率达到19.8%，1992年总产值达到2 460.5亿元。1993—2006年，畜牧业总产值年均增长率为5.6%，2006年总产值达到13 640.2亿元。2007—2019年，畜牧业总产值年均增长率为8.7%，2019年总产值达到33 064.4亿元。2022年，畜牧业总产值突破4万亿元大关达到40 652.4亿元，创历史新高，在农业总产值中占比达到26.1%。2000年以来，畜牧业总产值占

农业总产值的比重整体在 30％ 水平上下波动，其中 2008 年达到峰值 35.5％，随后震荡回落（图 1-1）。

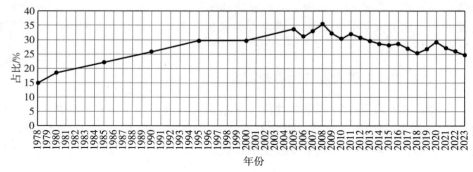

图 1-1　畜牧业总产值在农业总产值中的占比
数据来源：国家统计局

畜产品产量变化情况：（1）肉类产量。1978 年我国肉类总产量为 943 万吨，2024 年达到 9 663 万吨，其中，猪肉产量为 5 706 万吨，禽肉产量为 2 660 万吨。禽肉产量自 2016 年以来逐年增长，2024 年首次突破 2 600 万吨。牛肉产量自 2017 年以来逐年增长，连续 3 年突破 700 万吨，其中 2024 年为 779 万吨。羊肉产量自 2012 年以来均逐年增长，2024 年为 518 万吨，止增转降。（2）奶类产量。1978 年我国牛奶产量为 88 万吨，2024 年结束连续 6 年的持续增长，止增转降，但仍然突破 4 000 万吨达到 4 079 万吨。（3）禽蛋产量。1982 年我国禽蛋产量为 281 万吨，2022 年起连续 3 年增长，连续 2 年突破 3 500 万吨，2024 年创历史新高达到 3 588 万吨。国家统计局数据显示，我国 2020—2024 年畜牧业生产情况（表 1-2）。

表 1-2　近 5 年主要畜牧业生产情况

畜牧产品	2020 年		2021 年		2022 年		2023 年		2024 年	
	数量（万头、万只）	产量（万吨）	数量（万头、万只）	产量（万吨）	数量（万头、万只）	产量（万吨）	数量（万头、万只）	产量（万吨）	数量（万头、万只）	产量（万吨）
猪	52 704	4 113	67 128	5 296	69 995	5 541	72 662	5 794	70 256	5 706
牛	4 565	672	4 707	698	4 840	718	5 023	753	5 099	779
羊	31 941	492	33 045	514	33 624	525	33 864	531	32 359	518
家禽	1 557 008	2 361	1 574 124	2 380	1 613 843	2 443	1 682 376	2 563	1 734 000	2 660
禽蛋		3 468		3 409		3 456		3 563		3 588
牛奶		3 440		3 683		3 932		4 197		4 079
总产值（亿元）	40 266.7		39 910.8		40 652.4		38 964.6		38 896.37	

数据来源：国家统计局

二、畜牧业产业结构与分布

中国畜牧业的产业结构主要包括饲料生产、兽药疫苗生产、畜禽苗种培育、畜禽养殖、畜产品加工和销售。畜牧业产业链的上游产业包括饲料生产、兽药疫苗生产及畜禽苗种的培育，这些环节为畜禽提供种源、必要的营养和健康保障。中游产业主要是畜禽养殖环节，是畜牧产业链的核心部分，通过养殖过程将饲料转化为肉、蛋、奶等畜产品。下游产业则包括畜产品的加工、销售以及相关的服务环节，如物流、金融和技术咨询等。

2021 年，中华人民共和国农业农村部制定印发《"十四五"全国畜牧兽医行业发展规划》（以下简称《规划》）。《规划》创新提出构建"2+4"现代畜牧业产业体系，着力打造生猪、家禽两个万亿级产业和奶畜、肉牛肉羊、特色畜禽、饲草 4 个千亿级产业，并明确了每个产业的发展目标和产业布局。

我国畜牧业划分为牧区畜牧业和农耕区畜牧业，其中牧区畜牧业集中分布于北方半干旱、干旱地区及青藏高原，包括内蒙古、新疆、青海、西藏四大牧区，以草原放牧为主，牛羊肉产量占优。

近年来我国畜牧业区域集群化趋势逐步显现，各省份通过区域优势不断提升畜禽规模化、设施化饲养水平，已经凸显出在畜牧业上游、中游的产业优势，目前四川省、湖南省等是生猪主产区，山东省、广东省等是家禽主产区，内蒙古自治区、云南省等是肉牛的主产区（表 1-3、表 1-4、表 1-5）。

表 1-3　2024 年中国饲料销量前 10 名企业

排名	企业名称	销量（万吨）	总部所在省份
1	海大集团	2 652	广东
2	新希望集团	2 596	四川
3	牧原股份	2 532	河南
4	温氏股份	1 700	广东
5	双胞胎集团	1 550	江西
6	力源集团	1 400	广西
7	正大（中国）	1 200	北京
8	禾丰股份	879	辽宁
9	通威股份	687	四川
10	唐人神	628	湖南

数据来源：新牧网、上市企业公告

表 1-4　2024 年中国动保销量前 10 名企业

排名	企业名称	2024 财年销量（亿美元）	总部所在省份
1	鲁抗医药-动保	3.67	山东
2	中牧股份-动保	3.23	北京
3	瑞普生物	3.19	天津
4	易邦生物	2.37	山东
5	金宇生物	2.27	内蒙古
6	齐鲁动保	2.06	山东
7	金河生物	1.94	内蒙古
8	普莱柯	1.78	河南
9	信得科技	1.63	山东
10	海正药业-动保	0.57	浙江

数据来源：上市企业年报、官网、国际畜牧科技等

表 1-5　2023 年中国生猪、家禽、肉牛产量排名前 10 省份

排名	生猪		家禽		肉牛	
	省份	出栏量（万头）	省份	出栏量（万只）	省份	出栏量（万头）
1	四川	6 662.7	山东	310 282.1	内蒙古	463.7
2	湖南	6 286.3	广东	137 385.0	云南	364.8
3	河南	6 102.3	安徽	118 783.4	河北	360.2
4	山东	4 659.7	福建	115 801.0	新疆	340.8
5	云南	4 627.0	广西	110 973.0	黑龙江	325.8
6	湖北	4 438.5	辽宁	109 965.0	四川	316.4
7	广东	3 794.0	河南	100 805.2	吉林	289.9
8	河北	3 648.4	江苏	78 012.9	山东	268.5
9	广西	3 516.6	四川	76 511.9	甘肃	261.4
10	江西	3 143.6	河北	74 672.1	河南	245.9

数据来源：中国畜牧兽医统计（2023）

第三节 中国畜牧业可持续发展的制约因素和趋势

一、中国畜牧业可持续发展的制约因素

中国畜牧业可持续发展面临着诸多制约因素，这些因素相互交织，共同影响着畜牧业的健康发展。

（一）资源约束

1. 饲料资源短缺

随着土地资源的紧张和农业结构调整，优质饲料特别是蛋白质饲料的供应变得越来越有限，人畜争粮矛盾突出，这不仅限制了畜牧业的发展规模，还导致饲料成本上升，压缩了养殖效益空间。

2. 土地资源紧张

可用于畜禽养殖的土地资源日益减少，尤其是在一些经济发达地区和人口密集区，土地价格不断攀升，这使得养殖场的建设和扩张面临较大的困难，也制约了畜牧业的规模化发展。

3. 水资源匮乏

畜牧业生产需要大量的水资源，从畜禽饮水、饲料加工到养殖场的清洁消毒等环节都离不开水。然而，我国水资源总体短缺，且分布不均，部分地区水资源匮乏，难以满足畜牧业发展的需求，这在一定程度上限制了畜牧业的布局和发展。

（二）环境压力

1. 环境污染问题

畜禽粪便、污水等废弃物排放量大，如果处理不当，会导致水体污染、土壤污染和空气污染等问题，对周边生态环境和居民生活造成严重影响，也增加了畜牧业的环境成本和治理难度。

2. 温室气体排放

畜牧业是温室气体的重要来源之一，包括甲烷、氧化亚氮等。随着全球对气候变化问题的关注度不断提高，畜牧业面临的减排压力也日益增大，需要采取有效的措施来降低温室气体排放量，实现低碳发展。

3. 生态破坏

在一些地区，过度放牧导致草场退化、水土流失等生态问题，不仅影响了畜

牧业的可持续发展，还对整个生态系统的平衡和稳定构成威胁。

（三）生产效率低下

1. 养殖技术落后

部分养殖户仍然采用传统的养殖模式和管理方式，缺乏科学的饲养技术、疫病防控知识和现代化的管理理念，导致畜禽生长速度慢、饲料转化率低、养殖成本高、生产效率低下。

2. 规模化、标准化程度不足

虽然近年来我国畜牧业规模化养殖有所发展，但与发达国家相比，规模化、标准化养殖的比例仍然较低，存在大量散养户，这使得养殖过程难以实现统一管理和质量控制，也不利于新技术、新设备的推广应用，影响了整个畜牧业的生产效率和竞争力。

3. 劳动生产力不高

由于畜牧业的劳动强度大、工作环境相对较差，吸引年轻劳动力的难度较大，导致畜牧业劳动力老龄化问题严重，劳动力短缺现象日益突出，这在一定程度上制约了畜牧业的生产效率提升。

（四）动物疫病防控

1. 疫病风险高

动物疫病种类繁多，传播速度快，一旦暴发，不仅会导致畜禽大量死亡，给养殖户带来严重的经济损失，还可能引发公共卫生问题，如人畜共患病等，对人类健康构成威胁。

2. 防疫体系不健全

我国动物疫病防控体系还存在一些薄弱环节，如疫情监测预警机制不够完善，基层防疫队伍建设有待加强，防疫基础设施老化陈旧，疫苗研发和生产水平有待提高等，这些都影响了疫病防控的效果和效率。

3. 养殖户防控意识淡薄

部分养殖户对动物疫病的危害性认识不足，缺乏基本的防疫知识和技能，在养殖过程中不注重卫生管理、消毒防疫等措施的落实，随意丢弃病死畜禽等，增加了疫病传播的风险。

（五）产品质量安全

1. 药物残留问题

在畜禽养殖过程中，一些养殖户为了防治疾病或促进生长，违规使用兽药、饲料添加剂等，导致畜禽体内药物残留超标，这不仅影响畜产品的质量安全，还对人体健康造成潜在危害，降低了消费者对国产畜产品的信任度。

2. 标准化生产程度低

我国畜牧业标准化生产程度相对较低，缺乏统一的质量标准和规范，从养殖到加工、销售等环节的质量控制体系不够完善，这使得畜产品质量参差不齐，难以满足消费者对高品质、安全、健康畜产品的需求。

3. 质量追溯体系不完善

畜产品质量难以实现从源头到餐桌的全程追溯，一旦出现质量安全问题，难以及时准确地查找原因和责任主体，给消费者的健康和权益保障带来了一定的隐患。

（六）产业链整合度低

1. 产业融合程度不高

畜牧业与种植业、加工业、服务业等产业之间的融合程度较低，各环节之间的联系不够紧密，信息不对称，导致资源配置不合理，生产效率低下，产业附加值难以提升。

2. 加工环节薄弱

畜产品加工企业数量相对较少，规模较小，加工技术水平不高，深加工能力不足，导致畜产品附加值较低，市场竞争力不强，同时也影响了养殖户的经济效益。

3. 利益分配不合理

在畜牧业产业链中，养殖户往往处于弱势地位，面临着市场价格波动大、利润空间小等问题，而加工、销售等环节的企业则占据了较大的利润空间，这在一定程度上影响了养殖户的积极性和生产效益。

（七）科技创新与应用不足

1. 科技水平相对滞后

我国畜牧业在遗传育种、疾病诊断与治疗、饲料营养、养殖环境控制等关键技术领域的研究和应用水平与国际先进水平相比还存在较大差距，这限制了畜牧业的生产效率和产品质量提升。

2. 新技术推广难度大

由于养殖户和小型企业对新技术的接受度不高，缺乏专业的技术人员和培训机制，导致一些先进的养殖技术和管理理念难以在实际生产中得到广泛应用和推广，科技成果转化速度较慢。

3. 创新能力不足

畜牧业领域的创新投入相对较少，科研创新意识和创新能力有待提高，产、学、研结合不够紧密，难以形成有效的创新机制和创新体系，这在一定程度上制约了畜牧业的可持续发展。

（八）政策与市场机制不完善

1. 政策支持力度不足

虽然政府出台了一系列支持畜牧业发展的政策，但在政策的系统性、稳定性和针对性方面还存在一些不足，如对畜牧业的财政补贴力度有待进一步加大，金融支持政策不够完善，政策落实不到位等，这在一定程度上影响了畜牧业的发展动力和活力。

2. 法规执行力度不够

在畜牧业生产、加工、销售等环节的监管方面，还存在法规执行不严格、监管不到位的问题，导致一些违法违规行为得不到有效遏制，市场秩序不够规范，这不仅损害了消费者的合法权益，也影响了畜牧业的健康发展。

3. 市场调节机制不灵活

畜牧业市场受供求关系、价格波动、国际贸易等因素的影响较大，而我国畜牧业市场调节机制还不够灵活，缺乏有效的风险预警和应对机制，养殖户和企业难以准确把握市场信息，无法及时调整生产和经营策略，从而导致市场波动频繁，养殖效益不稳定。

二、中国畜牧业可持续发展趋势

畜牧业可持续发展要以推进供给侧结构性改革为主线，强化政策、科技、人才、金融等全要素支撑保障，加快发展资源节约型、环境友好型和生态保育型畜牧业，持续提升畜牧业发展质量效益和竞争力，为提高人民群众生活水平和乡村振兴提供坚实支撑。

（一）加强法制建设

完善和严格执行相关法律法规，如《中华人民共和国畜牧法》《中华人民共和国水污染防治法》《畜禽规模养殖污染防治条例》等，以法律为准绳，规范畜牧业生产经营活动。对养殖场的设立、养殖废弃物处理、动物疫病防控、畜产品质量安全等方面进行明确规定和严格监管，加大对违法违规行为的处罚力度，保障畜牧业的健康有序发展。同时，建立健全的执法监督机制，加强相关部门之间的协作配合，确保法律法规的有效实施。

（二）加强对公众进行环境保护的宣传和教育

通过多种渠道，如举办培训班、发放宣传资料、媒体宣传等，向养殖户、消费者和社会公众宣传畜牧业环境保护的重要性和相关知识。提高养殖户的环保意识和法治观念，使其认识到自身在环境保护中的主体责任，自觉采取环保措施，减少养殖废弃物对环境的污染。对消费者进行宣传教育，使其了解绿色、环保畜产品的优势，引导消费者形成正确的消费观念，促进绿色消费市场的形成。

（三）广辟饲料资源，为畜牧业可持续发展奠定基础

一方面，充分利用农作物秸秆、农产品加工副产物等非常规饲料资源，通过青贮、氨化、微贮等技术处理，将其转化为优质饲料，提高资源利用率，降低饲料成本。另一方面，加强优质牧草的种植和推广，发展草地畜牧业，提高草食家畜的比重。此外，还可以利用现代生物技术，开发新的饲料资源，如微生物蛋白饲料、昆虫蛋白饲料等。

（四）走农牧结合的生态畜牧业发展之路

将畜牧业与种植业有机结合，形成生态循环模式。养殖场的畜禽粪便经过处理后作为优质有机肥还田，为农作物提供养分，减少化肥的使用量，提高农产品的品质和安全性。同时，种植的农作物又可以作为畜禽的饲料，实现资源的循环利用。此外，还可以发展林下养殖、稻田养殖等生态养殖模式，提高土地资源的利用率，促进农牧产业的协同发展。

（五）大力推广和应用先进的科学技术

加大对畜牧业科研的投入，加强畜禽良种繁育、疫病防控、养殖环境控制、饲料营养等方面的技术研发。推广应用先进的养殖技术和设备，如自动化养殖设备、环境监测与控制设备、精准饲养技术等，提高养殖生产效率和管理水平。加强科技成果的转化和推广，建立健全的科技服务体系，通过科技人员下乡、举办技术培训班、开展技术咨询等方式，将先进的科学技术传授给养殖户，提高养殖户的科技素质和养殖水平。

（六）加快调整优化畜牧业生产结构

根据市场需求和资源条件，调整畜禽品种结构，稳定生猪生产，大力发展草食家畜、家禽等节粮型畜禽，提高草食家畜、家禽在畜牧业中的比重。优化区域布局，引导畜牧业向优势产区集中，形成规模化、专业化的产业带，提高产业集中度和竞争力。同时，发展特色畜牧业，如特种畜禽养殖、有机畜牧业等，满足不同消费者的需求。

（七）积极推进产业化的发展

培育壮大畜牧产业龙头企业，发挥其在市场开拓、技术创新、品牌建设等方面的引领作用，带动养殖户发展规模化、标准化养殖。加强龙头企业与养殖户之间的利益联结机制，通过订单养殖、股份合作等形式，实现风险共担、利益共享。发展畜牧业专业合作社和行业协会，提高养殖户的组织化程度，为养殖户提

供产前、产中、产后的全方位服务，促进畜牧业产业链的延伸和整合。

（八）推行 HACCP 体系确保畜产品安全

危害分析与关键控制点（Hazard Analysis and Critical Control Point，简称 HACCP）体系是一种科学、有效的食品安全管理体系。在畜牧业生产中，推行 HACCP 体系，从饲料采购、养殖环境控制、疫病防控、投入品使用、畜产品加工、运输销售等各个环节进行严格的质量控制和风险评估，识别和控制可能存在的危害因素，确保畜产品的安全卫生。加强畜产品质量检测体系建设，加大对畜产品质量的检测力度，严格落实市场准入制度，保障消费者的身体健康和消费安全。

第二章　中国畜牧兽医行政管理体系

1949 年中华人民共和国成立，设立政务院行使最高行政权，下设政治法律、财政经济、文化教育、人民监察 4 个综合性委员会和 30 个部委，构建了中央集权的行政框架，农业部是最高畜牧兽医行政管理部门。1954 年宪法规定全国人民代表大会是最高国家权力机关，国务院是最高国家行政机关，形成"国务院—省级—地市级—县级—乡（镇）级"五级行政组织体系。随着我国改革开放和市场经济体制的建立和不断完善，政府机构改革不断深化，直至 2018 年组建国家市场监管总局等新机构，构建"大部制"管理体系，政府职责体系优化的同时，畜牧兽医行政管理体系也得到优化。

第一节　国务院畜牧兽医行政管理部门

一、组织机构沿革

国务院畜牧兽医主管部门的沿革可以追溯到 1949 年，当时中央人民政府农业部下设畜牧兽医司，负责全国畜牧兽医工作。随着时间推移，我国畜牧兽医行政主管部门经历了以下阶段。

（一）农业部（中华人民共和国成立至 60 年代）

1949 年 10 月，根据《中华人民共和国中央人民政府组织法》，中央人民政府农业部成立，负责全国农业生产、农村经济和技术推广工作，下设畜牧兽医司作为全国畜牧、兽医、草原工作主管机构。1954 年农业部畜牧兽医司改设为畜牧兽医总局，强化对地方畜牧兽医工作的指导。

（二）农林部（1970—1979 年）

1970 年，为适应计划经济体制下的农业集中管理需求，国务院机构改革中将农业部、林业部、农垦部等合并为"农林部"，统筹管理农业、林业和农垦等事务。原畜牧兽医职能归属农林部农业组内设的畜牧小组。1978 年国务院批准成立了农林部畜牧总局，开始加强对人民公社畜牧兽医站管理。

（三）农业部、农牧渔业部（1979—2018 年）

1979 年 2 月，中共中央、国务院决定撤销农林部，恢复农业部、林业部、农垦部等，职能更加专业化，以适应农业市场化改革和家庭联产承包责任制的推行。1982 年国务院机构改革中，依据《关于国务院机构改革问题的决议》，农业部、农垦部、国家水产总局合并为农牧渔业部，内设畜牧局。

1988 年撤销农牧渔业部，成立农业部，下设畜牧兽医司。

2004 年农业部畜牧兽医司分设为畜牧业司和兽医局，分别负责畜牧生产管理与动物疫病防控。

2005 年国务院发布《关于推进兽医管理体制改革的若干意见》，明确中央一级兽医行政管理机构列入农业部内设机构，统筹动物卫生监管和疫病防控。

2008 年机构改革中，为回应社会对食品安全问题的关注，推动农业标准化生产，农业部增设了农产品质量安全监管局，加强对城市蔬菜、畜禽产品等农产品质量和农药、兽药等农业投入品的监督管理。

（四）农业农村部（2018 年至今）

2018 年 3 月，根据《深化党和国家机构改革方案》，将原农业部的职责及国家发展和改革委员会、财政部、国土资源部、水利部的有关农业投资项目管理职能整合，组建农业农村部。2018 年 11 月，原农业部畜牧业司和原农业部兽医局合并，更名为中华人民共和国农业农村部畜牧兽医局。

农业农村部畜牧兽医局内设部门有综合处、监测信息处、行业发展处、国际合作处、畜牧处、奶业处、饲料饲草处、药政药械处、防疫处、医政与检疫监督处、屠宰行业管理处和畜禽废弃物利用处。

二、机构职责

农业农村部畜牧兽医局的机构职责是起草畜牧业、饲料业、畜禽屠宰行业、兽医事业发展政策和规划。监督管理兽医医政、兽药及兽医器械。指导畜禽粪污资源化利用。监督管理畜禽屠宰、饲料及其添加剂、生鲜乳生产收购环节质量安全。组织实施国内动物防疫检疫。承担兽医国际事务、兽用生物制品安全管理和出入境动物检疫有关工作。

农业农村部畜牧兽医局直接管理的与畜牧兽医直接相关的下级机构包括全国畜牧总站、中国动物疫病预防控制中心、中国动物卫生与流行病学中心、中国兽医药品监察所（农业农村部兽药评审中心）、中国农业科学院（中国农业科学院北京畜牧兽医研究所、中国农业科学院哈尔滨兽医研究所、中国农业科学院兰州兽医研究所、中国农业科学院上海兽医研究所）和省部共建国家级教育培训机构等。

第二节　地方各级政府畜牧兽医行政管理部门

一、组织机构沿革

（一）省级机构

中华人民共和国成立初期，省级畜牧兽医行政管理部门是由省级政府在农林厅（或农业厅、农牧厅）内设立畜牧科（处）作为主管单位。部分省份在20世纪50年代开始探索通过独立建制的方式加强管理的专业化，如甘肃省1955年率先成立省级畜牧厅，成为独立于农业系统的行政主管部门，这类调整体现了畜牧业在农业生产中的地位提升。1986年后各省份陆续成立副厅级建制的畜牧局及之后更名的畜牧兽医局。

（二）市（县）级机构

市（县）级畜牧兽医行政管理部门一般设置为市（县）畜牧局，下设兽医站、检疫站、畜牧站等二级单位。

（三）乡（镇）基层站

乡（镇）兽医站自20世纪50年代起逐步建立，早期为集体所有制单位，20世纪90年代明确为国家基层事业单位，管理模式历经多次调整，部分地区实行"人财物三权归县"，部分划归乡（镇）政府管理，2010年后逐步推行"派驻制"或县、乡"双重领导"模式。

二、机构性质与职能变化

（一）行政管理与技术服务分离

20世纪90年代起推行经营性服务与公益职能分开，县级畜牧兽医行政管理部门设立技术推广机构，乡（镇）兽医站承担防疫、检疫等公益职能。

（二）垂直管理向属地管理过渡

2000年后部分省份将乡（镇）兽医站划归地方政府管理，但防疫、检疫等核心职能仍由县级部门统一指导。

（三）标志性改革节点

1980年后，省级畜牧局普遍升格为独立厅级单位（如四川、甘肃），强化行业管理职能。

2000 年后，多地撤销独立畜牧局，并入农业农村部门下设机构，有的调整为农业厅内设副厅级单位（如广东畜牧兽医局），多数是在农业厅内设畜牧处、兽医处。

2010 年后，乡（镇）兽医站被纳入农业综合服务体系，管理权进一步向基层政府倾斜。

第三章 中国畜牧兽医技术体系

畜牧兽医技术体系对于整个畜牧业的发展是非常重要的组成部分，加强畜牧兽医技术体系的建设具有重要的意义。畜牧兽医技术体系随着我国畜牧业发展而建立并不断调整和健全，促进了国家有关部门的管理效率提升，推动了畜牧业的平稳长远发展，提高了畜产品的质量和国际市场竞争力。我国畜牧兽医技术体系从建国初期至今历经了"恢复重建—市场化调整—专业化整合"3个阶段的发展与变革，形成中央统筹、地方协同、基层落地的三级架构。

2018年11月国务院机构改革之后，中国动物卫生与流行病学中心、中国农业科学院、中国动物疫病预防控制中心（农业农村部屠宰技术中心）、中国兽医药品监察所（农业农村部兽医评审中心）、全国畜牧总站均为农业农村部直属畜牧兽医技术支持单位。

第一节 畜牧技术体系

我国早期畜牧兽医技术体系基于畜牧业发展水平所限，未明显将畜牧与兽医行政管理组织在机构和工作职能上分开。各机构的工作职能以公益性防控和技术推广为核心，兼具动态适应性与科技驱动特征。2006年，中国动物疫病预防控制中心成立，原全国畜牧兽医总站兽医服务方面的职能划入其中，全国畜牧兽医总站更名为全国畜牧总站，畜牧技术体系和兽医技术体系得以细化。

一、计划经济时期畜牧技术体系

（一）机构设置

1. 初创阶段（1949—1957年）

（1）基层机构雏形：中华人民共和国成立初期，畜牧业以家庭散养为主，技术支持依赖民间兽医。20世纪50年代，中央人民政府农业部设立畜牧局，地方成立省、县两级畜牧科（站），但基层技术力量薄弱。

（2）民间兽医整合：1956年国务院发布《关于加强民间兽医工作的指示》，通过考核认证吸收民间兽医（如铃医）进入体系，形成"国家＋民间"双层技术网络。

2. 体系化建设（1958—1978 年）

（1）人民公社主导：1958 年人民公社化运动后，基层畜牧兽医站普遍建立，归口人民公社管理，实行"社办公助"模式。每个公社设 1 个畜牧兽医站，配备 3～5 名专职人员，负责全社畜禽防疫、配种和技术指导。

（2）机构职能细分。

①畜牧站：承担畜禽品种改良（如黄牛冷配、绵羊改良）、饲草饲料推广等工作。

②兽医站：负责疫情监测、疫苗注射、疫病扑杀。

③草原站（1960 年后增设）：推进草原改良与防灾减灾。

（二）工作职能

1. 疫病防控

重点针对牛瘟、猪瘟、口蹄疫等烈性传染病，推行强制免疫和逐级上报的疫情监测制度。例如：1952 年启动全国牛瘟扑灭计划，1955 年基本消灭该疫病。

2. 品种改良

（1）引进苏联良种（如顿河马、高加索羊），建立国营种畜场。

（2）推广人工授精技术，1957 年在全国 20％的公社配备液氮罐和配种设备。

3. 饲草饲料开发

组织社员种植苜蓿、沙打旺等牧草，推广青贮饲料制作技术，缓解"夏饱、秋肥、冬瘦"问题。

4. 计划生产

各省制订畜禽存栏、出栏、产肉量等年度计划，逐级分解至公社畜牧兽医站。

5. 技术示范推广

如在山西大同、内蒙古呼伦贝尔等地建立畜牧业样板公社，推广"草畜双承包"经验。

二、改革开放初期畜牧技术体系

（一）机构设置

1. 中央层面

（1）管理机构：1978 年国务院批准成立农林部畜牧总局，统筹全国畜牧业发展与技术推广，重点恢复疫病防控体系。

（2）技术支撑机构：1982 年成立全国畜牧兽医总站（现全国畜牧总站前身），整合原分散的畜牧、兽医技术职能，负责畜禽品种改良、疫病监测等技术研发与推广工作。

2. 地方层面

（1）省级机构：各省恢复或新建畜牧局（处），下设畜牧兽医站，承担技术推广与疫病防控双重职能。例如：安徽省 20 世纪 80 年代初期将畜牧兽医站与草原站合并，形成"畜牧兽医工作站"。

（2）基层站点：乡（镇）畜牧兽医站在 20 世纪 80 年代初恢复至 5.4 万个，归口人民公社管理，实行"社办公助"模式，人员编制逐步恢复至每站 3～5 人。

（二）工作职能

改革开放初期的畜牧技术体系在恢复疫病防控体系、推广现代养殖技术方面成效显著，但受制于财政投入不足和市场化冲击，基层机构职能定位模糊、技术能力薄弱等问题逐渐显现。这一阶段的探索为 20 世纪 90 年代后的机构改革奠定了基础。从恢复生产到技术推广，核心任务包括：

1. 疫病防控体系重建

（1）强制免疫制度：恢复春秋两季集中免疫，重点针对牛瘟、猪瘟、口蹄疫等疫病，推广"疫苗入户"模式。20 世纪 80 年代初期，全国畜禽死亡率从 1978 年的 12% 降至 5% 以下。

（2）疫情监测网络：建立省—县—乡三级疫情报告制度，1985 年《家畜家禽防疫条例》实施后，强制要求 24 小时内上报疫情。

2. 畜禽品种改良

推广黄牛冷配技术，20 世纪 80 年代全国建成 2 000 余个冷配站点，改良黄牛 1 200 万头，犊牛日增重提高 30%。引进国外良种（如大约克夏猪、罗曼蛋鸡），建立国家级种畜禽场 40 余个。1985 年"瘦肉型猪推广项目"覆盖全国 80% 养猪大县。

3. 饲草饲料开发

推广青贮饲料技术，1985 年全国青贮饲料产量达 1.2 亿吨，缓解"夏饱、秋肥、冬瘦"问题。启动草原改良工程，内蒙古、新疆等地人工种草面积扩大至 3 000 万亩。

4. 职能边界探索

行政与技术分离尝试：1984 年《关于改革畜牧业管理体制的通知》提出"放权让利"，允许基层站开展有偿技术服务（如配种、诊疗），但公益性防疫职能仍由财政保障。

承包责任制引入：推行"畜禽防疫技术承包制"，基层站与农户签订防疫协议，按比例收取服务费，激发技术推广积极性。

此外，随着畜牧业的发展和市场经济体制的成熟，民办畜牧技术服务组织兴起。20 世纪 80 年代后期，部分地区出现养殖协会、饲料合作社，承担技术培训、饲料代销等畜牧技术服务功能。

三、现阶段畜牧技术体系

（一）中央级畜牧技术体系

2006 年全国畜牧兽医总站更名为全国畜牧总站，全国畜牧总站与中国饲料工业协会的常设办事机构合署办公。承担全国畜牧技术推广，畜禽、牧草品种资源保护，畜牧经济运行分析，饲料和奶业技术服务，畜产品质量安全认证等工作，承担中国饲料工业协会的日常工作。

1. 全国畜牧总站

全国畜牧总站是畜牧业管理的国家级技术支撑机构。主要职责如下：

（1）协助畜牧行政主管部门拟订畜牧业有关法律、法规和政策建议，受委托承担全国畜牧业管理的具体工作，提出行业重大技术进步措施建议。

（2）研究提出全国畜牧业技术推广规划和体系建设规划，指导全国畜牧业技术推广体系建设及推广机构的业务工作，组织开展全国畜牧业技术推广和专业技术人员培训，负责全国畜牧业职业技能鉴定工作。

（3）承担畜禽、牧草饲料品种资源的调查、保护与管理工作；组织实施相关品种的审定、登记、引进、繁育、推广工作。

（4）承担畜牧业产品质量相关标准和技术规范的拟订工作；推广畜禽健康饲养方式，承担养殖环境监测与监督管理工作。

（5）承担畜牧业统计和经济运行分析工作；承担畜产品加工业务指导工作，组织畜牧业技术合作与交流；开展畜牧业国际贸易相关政策、法规研究；参与协调国际贸易争端。

（6）承担畜牧业行政许可事项及国家级畜禽遗传资源保种场、保护区和基因库的审核工作；承担畜牧业项目相关管理工作。

（7）组织实施草场改良工作；承担草牧业监测的技术支持与服务工作。

（8）承担畜牧业相关技术委员会的日常工作。

（9）完成农业农村部交办的其他工作。

2. 中国饲料工业协会

中国饲料工业协会成立于 1985 年，是经国务院批准设立的全国性行业社会团体。职责范围：

（1）协助政府部门规范行业行为，倡导行业自律，制定行规行约，营造行业公平竞争的良好环境；建立信用管理制度，促进会员企业诚信经营，维护行业公平竞争。

（2）经政府有关部门授权，开展统计分析与监测，及时调度调研行业基本情况、发展趋势。

（3）反映会员与行业诉求，协调会员、行业、政府之间的关系，维护会员的合法权益和行业的整体利益。

（4）推动会员贯彻落实国家有关饲料行业法律法规和相关制度；组织开展饲料质量安全技术调研、交流与培训；协助、参与制定饲料行业有关国际标准、国家标准、行业标准，制修订团体标准，规范行业行为，推动饲料工业标准化。

（5）受政府有关部门委托，承办或根据市场和行业发展需要，举办国际、国内博览会、展览会、交易会、发展大会、论坛、研讨会、学术讲座等行业活动，构建行业交流、合作、宣传、推广平台。

（6）经政府部门授权，推广饲料行业科技成果，促进行业技术进步；依照有关规定，经批准，开展饲料行业评比和推介；开展技术与管理咨询，为饲料企业改革与发展提出建议。

（7）根据有关规定开展行业宣传报道，编辑出版饲料行业有关书籍、报刊、软件等，建立行业网站，搭建饲料行业信息交流平台；促进行业的全面、协调发展。

（8）发展国际间经济技术合作与交流，与国外同行业组织建立并发展友好合作关系，组织有关单位参加国际交流活动，引导企业开拓国际市场。

（9）参与行业相关的反倾销、反补贴等对外贸易争端相关的产业损害调查和应诉协调工作，保护行业安全。

（10）承办政府委托、交办的其它事项。

（二）地方畜牧技术体系

1. 机构设置
（1）省级机构：各省成立畜牧总站、畜禽品种改良站、畜牧研究所等。
（2）基层机构：市、县一级在农业部门设牧站，乡、镇设畜牧兽医站。
2. 工作职能
（1）畜牧站：主要职能是畜牧业技术推广、资源保护，指导养殖废弃物资源化利用，畜牧业生产数据统计分析和预警等。
（2）畜禽品种改良站：主要职责是承担种畜禽质量检测、良种登记、生产性能测定、遗传评估及品种改良等相关技术性工作。
（3）畜牧研究所：从事畜禽良种繁育和饲料牧草的研究与推广。
（4）基层站：深化技术推广工作，拓展职能边界。

第二节　动物卫生技术体系

一、组织机构沿革

中华人民共和国成立初期，动物卫生工作基础较为薄弱，主要以保障畜禽基本健康、促进畜牧业发展为目标。当时，动物卫生相关工作多由各地的畜牧兽医站承担，这些站点在基层广泛设立，工作人员多为兼具畜牧养殖知识与简单疫病防治技能的专业人员。其工作重点在于畜禽常见疫病的诊断与治疗，通过推广一些基本的防疫措施，如疫苗接种，来控制疫病的传播范围，保障当地畜禽的存活率与生产性能，但尚未形成完善、统一的组织架构与监督体系。

随着经济发展与畜禽养殖规模的逐步扩大，动物疫病传播风险增加，对动物卫生监督工作提出了更高要求。20世纪80年代至90年代，各地开始探索建立专门的动物防疫检疫机构。例如，部分地区将原有的畜牧兽医站职能进行细分，单独设立兽医防疫检疫站，负责动物疫病的预防、控制以及动物和动物产品的检疫工作。这一时期，在省级层面也开始有了相应的管理机构雏形，对各地的防疫检疫工作进行指导与协调，初步构建起从省级到县级的动物卫生监督组织架构框架，为后续的体系发展奠定了基础。

2005年，国务院发布《关于推进兽医管理体制改革的若干意见》，成为动物卫生监督体系组织架构发展的重要转折点。该意见明确提出要建立健全省、市、县三级政府兽医工作机构，对兽医行政管理机构、兽医行政执法机构、技术支持机构以及基层动物防疫机构进行全面改革与规范。其中，在兽医行政执法方面，整合归并现有动物防疫、检疫、监督机构及其行政执法职能，在省、市、县三级分别设立动物卫生监督机构，统一命名为"动物卫生监督所"。动物卫生监督所作为兽医行政执法机构，归口同级兽医行政管理部门管理，依法承担动物防疫、动物及动物产品检疫、动物产品安全和兽药监管等行政执法工作。以此为契机，全国范围内加快了动物卫生监督体系组织架构的建设与完善进程，到2011年，全国省、市、县三级动物卫生监督机构基本建立，动物检疫员、监督员近15万人，形成了较为系统、规范的动物卫生监督执法网络。

2018年3月，中共中央印发《深化党和国家机构改革方案》，再次推动动物卫生监督体系组织架构发生重大变革，方案提出深化行政执法体制改革，要求整合组建农业综合执法队伍，将农业系统内的兽医兽药、生猪屠宰、种子、化肥、农药、农机、农产品质量等执法队伍整合，实行统一执法。在此背景下，动物卫生监督机构多数并入农业综合执法队伍，动物检疫与行政处罚、行政强制等工作分离，由不同部门实施。这一改革旨在优化农业领域执法资源配置，提高综合执法效能，但从各地的运行情况看，特别是在一些畜牧大县，暴露出动物卫生监督工作与新时期畜牧业稳产保供任务及动物疫病防控工作新要求不相适应的问题。例如，由于动物检疫与执法处罚分离，在处理动物卫生违法案件时，出现信息沟通不畅、执法效率降低等情况，一定程度上影响了动物卫生监督工作的有效开展。

近年来，面对改革中出现的问题以及畜牧业发展面临的新挑战，如非洲猪瘟等重大动物疫病的威胁、畜禽产品质量安全要求的不断提高等，国家积极推动动物卫生监督体系组织架构的进一步调整与完善。农业农村部按照党的十九届五中全会建议关于健全动物防疫体系和农作物病虫害防治体系的要求，积极协调有关部门，推动健全完善动物防疫体系建设。2021 年，农业农村部对 10 个省份 20 个县开展基层动物防疫体系建设情况专题调研，深入了解动物卫生监督工作在组织架构运行中存在的问题，为后续政策调整与机构优化提供依据。部分地区开始探索在农业综合执法框架下，如何更好地优化动物卫生监督职能配置，加强动物检疫与执法环节的衔接，以提升动物卫生监督工作的专业性与有效性，确保动物卫生监督体系能够更好地适应新形势下保障畜牧业健康发展、维护公共卫生安全的需要。

二、工作职能

（一）中国动物卫生与流行病学中心

中国动物卫生与流行病学中心（以下简称"中心"）是承担重大动物疫病调查、诊断、监测，动物和动物产品兽医卫生评估，动物卫生法规标准和重大外来动物疫病防控技术措施研究等工作的国家级动物卫生机构。前身为 1979 年成立的农业部动物检疫所。中心总部位于青岛市北区，拥有青岛红岛、宁波中央山岛 2 个创新实验基地，正在胶州上合示范区建设胶州创新基地，投资青岛易邦生物工程有限公司、青岛立见生物科技有限公司两个高新技术企业。中国农业科学院北京、哈尔滨、兰州、上海四个兽医研究所加挂分中心牌子。

根据 2006 年 4 月 8 日农业部办公厅关于中国动物卫生与流行病学中心主要职责、内设机构和人员编制的批复（农办人〔2006〕40 号），中心主要职责为：

1. 负责组织开展动物流行病学调查、分析、研究和疫病普查；负责收集、处理、保藏各种动物血清，开展重大动物疫病动态监测和疫情追溯。

2. 负责重大外来动物疫病诊断、疫情监测及防控技术措施研究。

3. 负责收集国外动物疫情信息，建立国家动物卫生与流行病学数据库，开展动物疫病预警分析工作。

4. 承担动物和动物产品兽医卫生评估、动物疫病区域风险评估工作，组织实施企业动物卫生认证。

5. 协调国家动物卫生与流行病学分中心、国家兽医参考实验室、各级各类兽医实验室和流行病学调查工作，分析和汇总流行病学调查相关数据，提出流行病学调查总体报告。

6. 开展动物疫病诊断技术和诊断试剂研究。

7. 收集分析国际动物卫生法律法规和 SPS 协议相关法规及案例，开展动物卫生法规标准研究工作；承担动物卫生技术贸易措施及国际兽医事务的综合评估工作。

8. 承担全国动物防疫标准化技术委员会和全国动物卫生流行病学专家委员会的日常工作。

9. 完成农业农村部交办的其他任务。

（二）动物卫生监督所

2005 年，根据《国务院关于推进兽医管理体制改革的若干意见》，在省、市、县三级分别设立动物卫生监督机构，统一命名为"动物卫生监督所"。作为兽医行政执法机构，归口同级兽医行政管理部门管理，依法承担动物防疫、动物及动物产品检疫、动物产品安全和兽药监管等行政执法工作。

省级动物卫生监督所主要职责是监督指导全省动物卫生监督执法工作，制定本省动物卫生监督执法工作规范与标准，组织开展全省性动物卫生监督执法专项行动，协调处理跨市、县的重大动物卫生违法案件。

市级动物卫生监督所负责本市行政区域内动物卫生监督执法工作的组织实施，对辖区内动物饲养、屠宰、经营、运输等环节进行日常监督检查，查处动物卫生违法违规行为，监督指导县级动物卫生监督机构开展工作，承担本市范围内动物及动物产品检疫工作的管理与监督。

县级动物卫生监督所作为基层动物卫生监督执法的核心机构，直接面向养殖场户、动物产品经营者等开展工作，负责本县内动物卫生监督日常巡查，实施产地检疫、屠宰检疫，受理动物卫生违法案件的举报投诉，对违法违规行为进行调查处理，保障本县动物卫生安全。乡镇或区域设立动物卫生监督分所，作为县级动物卫生监督机构的派出机构，承担本乡镇或区域内动物卫生监督的基础性工作，如对散养户动物防疫工作的指导与监督、协助开展产地检疫申报受理和对动物诊疗机构、动物产品经营户等的日常监管等，将动物卫生监督工作延伸至最基层。

（三）农业综合执法大队

农业综合执法大队的沿革可以追溯到 20 世纪 80 年代初期，随着农村改革开放的深入推进，农业生产逐渐走向市场化、规模化，农业法律法规也逐步建立健全。为了加强农业行政执法工作，一些地方开始探索设立农业行政执法机构，对农业生产、流通、消费等环节进行监管，取得了一定效果。

党的十九届三中全会明确要求整合组建农业、生态环境保护、交通运输、文化市场、市场监管 5 支综合行政执法队伍。按照中央的要求，农业农村部指导地方，将原分散在地方农业农村部门内设机构和所属单位的行政执法职能整合起来，组建一支农业综合行政执法队伍，以农业农村部门的名义统一执法。除沿海、内陆大江大湖和边境交界等少数渔业执法任务较重的地方继续在农业农村部门内设置相对独立的渔政执法队伍外，各地农业农村部门基本实现一支队伍执法。这支队伍的编制都来源于原来承担执法职责的机构和单位。截至 2022 年底，市、县两级农业综合行政执法机构基本组建完成。至此，动物卫生监督所不再履行兽医行政执法职能。

农业综合执法大队的主要职责：

1. 维护农业生产秩序：查处非法占用农地、破坏农业资源的行为，打击假冒伪劣农资产品。

2. 加强农产品质量安全监管：对农产品生产、流通、消费等环节进行全程监管，确保农产品质量安全。

3. 保护农民合法权益：查处侵犯农民合法权益的行为，如乱收费、乱罚款等。

4. 推动农业可持续发展：查处破坏生态环境的行为，促进农业绿色发展。

5. 其他职责：包括对农村宅基地管理、生猪屠宰活动、动物防疫检疫、兽药、饲料、农药等生产经营活动和质量安全进行执法。

第三节　动物疫病防控体系

一、动物疫病防控国家级技术体系

动物疫病防控国家级技术体系由中国动物疫病预防控制中心、中国动物卫生与流行病学中心和中国农业科学院构成。

（一）中国动物疫病预防控制中心

1. 机构简介

中国动物疫病预防控制中心成立于 2006 年，是农业农村部直属事业单位。业务归口农业农村部兽医局管理，机构规格为正局级。2006 年，农业部办公厅印发《农业部办公厅关于中国动物疫病预防控制中心主要职责内设机构和人员编制的批复》（农办人〔2006〕34 号），中国动物疫病预防控制中心是承担全国动物疫情分析和处理、重大动物疫病防控、畜禽产品质量安全检测和动物卫生监督等事务的管理机构。

2. 历史沿革

20 世纪初至中华人民共和国成立前，中国动物疫病防控工作处于起步阶段。1919 年，中国首个由政府主导的国家级防疫机构——中央防疫处在北京正式成立，主要任务是展开天花、鼠疫等传染病疫苗和血清的实验室研制，并且负责收集流行病学信息。

中华人民共和国成立后至改革开放前，国家开始逐步建立动物防疫体系。

1957 年 8 月至 1959 年 10 月，城市服务部颁布了《屠宰牲畜及兽医卫生检验规程（草案）》等规章，规定了屠宰检疫的相关内容。1959 年 11 月 1 日，农业部、卫生部、对外贸易部、商业部联合颁布了《肉品卫生检验试行规程》。

改革开放后至 20 世纪末，动物防疫工作得到进一步加强。1985 年 2 月 14 日国务院发布《家畜家禽防疫条例》，确立了动物防疫工作的法律地位。1997 年 7 月 3 日，第八届全国人民代表大会常务委员会第二十六次会议审议通过了《中华人民共和国动物防疫法》，标志着我国动物防疫工作进入法治化阶段。

2006 年，中国动物疫病预防控制中心正式成立，农业部办公厅印发《农业部办公厅关于中国动物疫病预防控制中心主要职责内设机构和人员编制的批复》，明确中国动物疫病预防控制中心的主要职责。同年，中国动物疫病预防控制中心正式揭牌，成为国家级兽医技术支持机构，标志着我国动物疫病防控技术支持体系的进一步完善。2013 年，为了强化屠宰监管技术支撑和服务保障，农业部决定在中国动物疫病预防控制中心加挂"农业部屠宰技术中心"的牌子，以协助开展屠宰环节质量安全监管工作，并组织打击私屠滥宰等违法行为。

党的十八大以来，中国动物疫病预防控制中心不断提高基础免疫、动物疫病监测、应急处置、动物检疫和屠宰环节监管能力，推动动物疫病防控由以免疫为主向全链条、综合防控转型。全国主动监测病种和监测数量不断增加，疫病信息报告机制不断完善，应急值守能力显著提升。承担全国屠宰加工标准化技术委员会办公室工作，组织制定发布屠宰环节相关标准，推动屠宰行业转型升级，动物检疫与屠宰技术支撑加强。动物疫病净化工作持续推进：中国动物疫病预防控制中心率先在全国范围内创建一批动物疫病净化创建场、示范场，形成了体系完备的疫病净化核心技术，并建立了净化评估标准体系。2021 年，动物疫病净化项目正式上升为行业政策。

3. 工作职能

（1）协助兽医行政主管部门拟定兽医、动物防疫检疫等有关法律、法规和政策建议；受农业部委托，承担全国动物卫生监督的业务指导工作，协助开展重大动物卫生违法案件的调查；组织实施动物及动物产品检疫。

（2）研究提出重大动物疫病（包括人畜共患病）预防控制规划、扑灭计划、应急预案建议，指导、监督重大动物疫病预防、控制和扑灭工作，指导人畜共患病防治工作。

（3）组织开展动物防疫技术研究、国际交流与合作；研究提出动物疫病防治技术规范建议，经批准后组织实施。

（4）负责全国动物疫情收集、汇总、分析及重大动物疫情预报预警工作；指导全国动物疫情监测体系建设；组织实施动物疫病监测工作，指导国家级动物疫情测报站和边境动物疫情监测站的业务工作。

（5）负责国家动物防疫网络信息系统、网络溯源及应急指挥平台的建立及管理。

（6）承担全国高致病性动物病原微生物实验室资格认定及相关活动的技术、条件审核等有关工作。承担全国动物病原微生物实验室生物安全监督检查工作；协调各级诊断实验室的疫情诊断工作。

（7）承担动物及动物源性产品质量安全检测及其有关标准、标物研制工作；承担动物标识管理、动物和动物产品溯源工作。

（8）承担动物诊疗机构和执业兽医的相关工作；承担兽医执法人员的培训工作。负责兽医行业职业技能鉴定工作。

（9）承担农业农村部交办的其他工作。

（二）中国动物卫生与流行病学中心

1. 历史沿革

1979 年，中国动物卫生与流行病学中心的前身——农业部动物检疫所成立，是中华人民共和国农业部所属的一所承担动物检疫技术行政和科研任务的机构。

2005 年，根据国务院《关于加快推进兽医体制改革若干意见》和事业单位分类改革的有关精神，经中编办批准，农业部对部属畜牧兽医单位的机构编制进行了调整。2006 年，农业部动物检疫所正式更名为中国动物卫生与流行病学中心，并于 6 月 18 日在青岛正式运行。同时，在中国农业科学院北京畜牧兽医研究所、哈尔滨兽医研究所、兰州兽医研究所和上海兽医研究所分别加挂中国动物卫生与流行病学中心北京分中心、哈尔滨分中心、兰州分中心和上海分中心的牌子。

自中心（包含前身动物检疫所）成立以来，在高致病性禽流感等重大动物疫病防控、动物检疫标准体系建设、兽医法律法规研究、动物产品质量安全检验检测、兽医科技成果转化、兽医国际交流与合作及服务地方养殖业经济发展等方面做出了富有成效的工作。2013 年获准设立博士后工作站；2022 年被联合国粮食及农业组织（FAO）认定中国动物卫生与流行病学中心为 FAO 兽医流行病学参考中心，这是亚太地区首个 FAO 兽医流行病学参考中心，也是发展中国家第一个被认可的此类中心。

2. 工作职能

根据 2006 年 4 月 8 日农业部办公厅关于中国动物卫生与流行病学中心主要职责、内设机构和人员编制的批复（农办人〔2006〕40 号），中心主要职责为：

（1）负责组织开展动物流行病学调查、分析、研究和疫病普查；负责收集、处理、保藏各种动物血清，开展重大动物疫病动态监测和疫情追溯。

（2）负责重大外来动物疫病诊断、疫情监测及防控技术措施研究。

（3）负责收集国外动物疫情信息，建立国家动物卫生与流行病学数据库，开展动物疫病预警分析工作。

（4）承担动物和动物产品兽医卫生评估、动物疫病区域风险评估工作，组织实施企业动物卫生认证。

（5）协调国家动物卫生与流行病学分中心、国家兽医参考实验室、各级各类兽医实验室和流行病学调查工作，分析和汇总流行病学调查相关数据，提出流行病学调查总体报告。

（6）开展动物疫病诊断技术和诊断试剂研究。

（7）收集分析国际动物卫生法律法规和 SPS 协议相关法规及案例，开展动物卫生法规标准研究工作；承担动物卫生技术贸易措施及国际兽医事务的综合评估工作。

（8）承担全国动物防疫标准化技术委员会和全国动物卫生流行病学专家委员会的日常工作。

（9）完成农业农村部交办的其他任务。

（三）中国农业科学院

中国农业科学院下设四个国家级兽医科研机构，分别为中国农业科学院哈尔滨兽医研究所、兰州兽医研究所、上海兽医研究所和北京畜牧兽医研究所，均为国家级动物疫病防控技术支持单位。

1. 中国农业科学院哈尔滨兽医研究所

（1）机构简介。

中国农业科学院哈尔滨兽医研究所（简称"哈兽研"）是中华人民共和国建立最早的兽医科研单位，始建于 1948 年 6 月。原址位于哈尔滨市香坊区哈平路678 号，2016 年整体搬迁至哈尔滨市平房区哈南工业新城核心区。哈兽研是我国兽医科研领域的重要机构，也是我国动物疫病防控、兽医生物技术研究和人才培养的核心基地之一，其主要任务和发展目标是：承担动物传染病防治相关领域全局性、基础性、关键性、方向性的重大科技项目，解决与其相关领域的重大科学问题，推动动物疫病防控研究的理论创新和技术进步，为养殖业健康发展和公共卫生安全提供源头创新、技术支撑和决策咨询。

（2）历史沿革。

1946 年，东北解放区成立哈尔滨家畜防疫所，这是哈兽研的前身，在其基础上，1948 年 6 月 1 日，东北行政委员会农林处家畜防治所正式成立，成为我国最早的兽医研究所之一，1949 年更名为东北人民政府农业部兽医研究所，隶属于东北人民政府农业部。

1955 年，随着国家行政机构调整，东北人民政府农业部兽医研究所划归国家农业部领导，1957 年，正式命名为中国农业科学院兽医研究所，成为中华人民共和国成立后国家首批设立的综合性兽医科研机构之一，1962 年更名为中国农业科学院哈尔滨兽医研究所，一直沿用至今。

哈兽研在动物疫病防控领域内取得了多项重大成就，如 1948 年研制出牛瘟兔化弱毒疫苗，助力中国成为全球首个消灭牛瘟的国家（1955 年宣告根除）；20 世纪 70 年代率先研制出马传染性贫血（EIA）驴白细胞弱毒疫苗，该项成果获国家发明一等奖（1983 年），奠定了其国际地位等。

2. 中国农业科学院兰州兽医研究所

（1）机构简介。

中国农业科学院兰州兽医研究所成立于 1957 年，隶属农业农村部、中国农业科学院，是主要从事口蹄疫、非洲猪瘟、包虫病等重大动物疫病理论和防控技术研究的国家级科研机构，是动物疫病防控全国重点实验室依托单位之一，拥有国家参考实验室等国家级平台 8 个、世界动物卫生组织（WOAH）和国际原子能机构（IAEA）等国际平台 9 个。拥有我国体量最大的生物安全三级实验室设施集群（4 栋、4.42 万平方米）。拥有中农威特生物科技股份有限公司、兰州兽研生物科技有限公司等疫苗和诊断制剂成果转化产业基地 4 个。

（2）历史沿革。

1954 年 10 月，在西北军政委员会畜牧部（局）的领导下，筹建西北畜牧兽医科学研究所筹备处。1955 年 1 月，兰州畜牧兽医科学研究所筹备处正式挂牌。1957 年 10 月，兰州畜牧兽医科学研究所筹备处经过近四年的"边研究、边筹建"，在甘肃省兰州市城关区盐场堡徐家坪正式宣告成立中国农业科学院西北畜牧兽医研究所。1965 年 10 月，农业部、中共农业部政治部决定将院兽医研究所的领导中心和哈尔滨兽医研究所一部分研究工作，由哈尔滨迁往兰州，连同原中兽医研究所和西北畜牧兽医研究所兽医部分实行合并，统一组成新的中国农业科学院兽医研究所。

1970 年 11 月，经国务院批准，中国农业科学院将 6 个畜牧兽医研究机构全部下放地方，中国农业科学院兽医研究所下放给甘肃省，名称改为甘肃省兽医研究所。1978 年 2 月，根据农业部、国家物资总局、财政部文件精神，经党中央、国务院批准，甘肃省兽医研究所归农林部管理，人员、土地及固定资产等全部移交中国农业科学院。1978 年 8 月，研究所启用中国农业科学院兰州兽医研究所新印章。1979 年，中国农业科学院兰州兽医研究所中心仪器室成立。1995 年，研究所建成了中国内地第一个兽医生物制品 GMP 中试生产车间。2003 年，研究所建成了当时中国内地最大的兽医生物制品 GMP 车间。2006 年，研究所成立了由研究所控股的中农威特生物科技股份有限公司。2006 年 3 月中国农业科学院兰州兽医研究所加挂中国动物卫生与流行病学中心兰州分中心，两个牌子一个机构。

3. 中国农业科学院上海兽医研究所

（1）机构简介。

中国农业科学院上海兽医研究所位于上海市闵行区，成立于 1964 年，其前身为中国农业科学院家畜血吸虫病研究室，2006 年更名为中国农业科学院上海兽医研究所，2021 年 3 月，中国农业科学院委托研究所成立了生物安全研究中心。

上海兽医研究所围绕"国之大者"抓主抓重，以重大动物疫情、人畜共患病、重大外来病等为对象，开展生物安全公共政策、基础理论、监测预警、技术攻关、产品研发、集成应用等全链条研究，为保障国家农业生物安全、科技自立自强提供战略支撑。

（2）历史沿革。

1964 年 10 月中国农业科学院家畜血吸虫病研究室成立，这是上海兽医研究所的前身。1981 年，该研究室被国务院学位委员会批准为首批硕士学位培养点，1982 年 2 月更名为中国农业科学院上海家畜血吸虫病研究所。1984 年，研究所被批准为博士学位培养点，1989 年 7 月更名为中国农业科学院上海家畜寄生虫病研究所。

1996 年 11 月，中国农业科学院上海家畜寄生虫病研究所在原基础上组建了农业部动物寄生虫学重点开放实验室，2000 年 1 月组建了上海动物生物技术研究中心，2004 年组建了国家防治动物血吸虫病专业实验室和动物传染病防治研究室，2006 年 3 月更名为中国农业科学院上海兽医研究所，并成立中国动物卫生与流行病学中心上海分中心。

4. 中国农业科学院北京畜牧兽医研究所

（1）机构简介。

中国农业科学院北京畜牧兽医研究所（以下简称牧医所），组建于 1957 年，地处北京市，隶属于农业农村部，是国家级社会公益性畜牧兽医综合科技创新研究机构。牧医所以畜禽和牧草为主要研究对象，开展动物遗传资源与育种、动物生物技术与繁殖、动物营养与饲料、草业科学、动物医学和畜产品质量安全等学科的应用基础、应用和开发研究，着重解决国家全局性、关键性、方向性、基础性的重大科技问题。

牧医所现有 6 个科技创新平台、6 个科技支撑平台、3 个科技服务平台和 1 个大型仪器设备共享平台。此外，还拥有各类科研试验基地 10 个，其中自有试验基地 4 个，共建科研基地 6 个。其中心实验室拥有大型仪器设备 160 多台（套），建有基因组学、蛋白质组学等 6 大实验检测体系。

（2）历史沿革。

1957 年，中国农业科学院畜牧研究所始建，隶属农业部。1970 年，根据中央的决定，畜牧所原建制下放到青海。1973 年下半年，中国农林科学院畜牧所筹备组（养猪研究所）在北京原畜牧所旧址正式成立。1975 年末，实验室建设、农村基点工作，科学实验和调查研究工作都取得较大进展，已能开展一些初步的猪、鸡生产和动物营养与饲料方面的科研和技术工作。1977 至 1978

年，筹备组的工作速度加快，科技人员得到了补充，实验室和猪、禽舍的改造和建设取得成效。1978 年，根据上级决定，畜牧所由青海迁回北京，在养猪所的基址上取消了养猪所的名称，恢复了中国农业科学院畜牧研究所，建立了养禽、营养、饲料、繁殖、品种资源、遗传育种和养猪等 7 个研究室。2006 年，中国农业科学院畜牧研究所更名为中国农业科学院北京畜牧兽医研究所至今。

国家级兽医科研机构的主要工作职能有：

（1）全国性动物疫病监测与预警。四所机构联合构建覆盖全国的动物疫病监测网络，通过实验室检测、流行病学调查和大数据分析，实时追踪疫病动态。建立病原数据库（如禽流感、口蹄疫毒株库），记录病毒变异规律；开发分子诊断技术（如聚合酶链式反应、荧光原位杂交技术），实现疫病早期快速筛查；每年发布《中国动物疫病年报》，为政府部门提供决策依据。

（2）关键疫苗与诊断技术研发。针对重大动物疫病，联合攻关新型疫苗、诊断试剂和治疗方法，推动国产化替代。如哈尔滨兽医研究所与北京畜牧兽医研究所合作开发口蹄疫 O 型、A 型双价疫苗，打破国外技术垄断；上海兽医研究所的禽流感重组蛋白疫苗已推广至全国，年使用量超 10 亿羽份；兰州兽医研究所的布鲁氏菌病活疫苗被列为国家强制免疫品种。

（3）突发疫情的应急响应与防控。在非洲猪瘟、禽流感等突发疫情中，快速提供技术支持、溯源分析和防控方案。

（4）动物疫病防控技术标准化。参与制定国家及国际动物疫病防控标准，统一检测方法和技术规范。

（5）国际合作与技术输出。代表中国参与全球动物疫病防控合作，分享中国经验并提供技术援助。如兰州兽医研究所的羊布鲁氏菌病疫苗在巴基斯坦、尼日利亚等地推广，累计接种超 500 万头羊；北京畜牧兽医研究所主导制定《亚太地区禽流感防控联合行动计划》，提升区域防控能力。

（6）人才队伍建设与培训。通过研究生教育、在职培训和继续教育，培养高素质兽医科研与疫病防控人才。

（7）政策研究与战略咨询。为农业农村部等政府部门提供疫病防控政策建议，支撑国家战略规划等。

二、动物疫病防控地方机构

1. 省级动物疫病预防控制中心

省级动物疫病预防控制中心是地方动物疫病防控体系中的核心技术支撑机构、疫情监测预警中枢和应急处置指挥枢纽。主要职能为承担本省或直辖市动物疫病的监测、检测、诊断、流行病学调查和疫情报告以及其他预警预防、控制工作；组织开展动物疫病预防控制应用研究；协助开展兽医系统实验室规划、建设，指导全省兽医实验室生物安全管理等工作；开展动物卫生服务和技术推广工作。

2. 省级兽医研究所

省级兽医研究所是地方动物疫病防控体系中的核心科研机构，主要职能包括：开展地方性动物疫病的流行病学调查与致病机理研究；针对区域内重点疫病进行疫苗研发、诊断技术研发及技术优化；承担动物健康风险评估，为养殖企业提供疫病防控技术方案；通过"田间试验＋技术培训"推动科研成果转化；同时负责基层兽医人员的专业技能培训，并为地方畜牧兽医行政管理部门提供政策制定依据和技术支持，助力区域畜牧业高质量发展。

3. 市县级动物疫病预防控制中心

市县级动物疫病预防控制中心是地方动物疫病防控体系的基层执行机构，主要负责辖区内的动物疫病监测预警、现场调查处置、病原学初筛检测、免疫接种监督指导、消毒灭源技术支持及疫情应急响应等工作。其职能包括：定期开展养殖场、屠宰场、活畜交易市场等重点场所的巡查和采样检测，开展动物疫病的流行病学调查和疫情监测，及时发布预警信息，完成疑似病例初步排查并上报；指导养殖户落实生物安全措施（如封闭管理、病死猪无害化处理），协助开展强制免疫接种并核查接种记录；在疫情暴发时，配合上级部门实施封锁、扑杀、环境消杀等应急处置，并做好流行病学调查与溯源分析；同时承担基层防疫人员技术培训、防疫知识宣传及养殖户咨询服务，确保国家防控政策在基层落地见效。

第四节　兽药饲料监察体系

一、国家级兽药饲料监察体系

（一）中国兽医药品监察所

1. 机构简介

中国兽医药品监察所（简称"中监所"）成立于1952年，2006年加挂农业部兽药评审中心牌子（2018年更名为农业农村部兽药评审中心），是农业农村部直属正局级事业单位。作为国家级兽药评审检验监督机构，主要承担兽药评审，兽药、兽医器械质量监督、检验和兽药残留监控，菌（毒、虫）种保藏，以及兽药国家标准的制修订、标准品和对照品制备标定等工作。中监所拥有世界动物卫生组织猪瘟参考实验室、联合国粮食及农业组织布鲁氏菌病参考实验室等5个国际参考实验室，国家牛瘟参考实验室、国家兽药残留基准实验室等6个国家级和部级实验室，承担中国兽药典委员会办公室、全国兽药残留与耐药性控制专家委员会办公室、国家兽医微生物菌（毒）种保藏中心、农业农村部兽药行业职业技能鉴定指导站职能。

2. 历史沿革

1952 年：中央人民政府农业部兽医生物药品监察所成立。中华人民共和国成立初期，畜牧业饱受牛瘟、炭疽等疫情威胁，兽用生物制品质量参差不齐。为保障疫苗安全有效，1952 年中央人民政府农业部设立兽医生物药品监察所，专职监督疫苗生产质量，制定首个《兽医生物制品制造及检验规程》，奠定了中国兽药监管体系的基础。

1965 年：更名为农业部兽医药品监察所。随着化学药品在养殖业中被广泛应用，原机构职能已无法满足需求。1965 年更名为农业部兽医药品监察所，监管范围从生物制品扩展至抗生素、化学药品，引入先进检测技术，初步形成覆盖多品类兽药的质量监督体系，为行业规范化发展提供支撑。

1973 年：更名为农林部兽医药品监察所。

1982 年：更名为中国兽医药品监察所。改革开放后，兽药产业快速发展，但假劣药问题频发。1982 年国务院批准成立中国兽医药品监察所（China Institute of Veterinary Drug Control，简称 IVDC），升格为国家级技术监督机构，统筹兽药研发、生产、流通全链条监管，并于 1987 年发布首部《中国兽药典》，确立国家兽药标准体系。

2006 年：加挂农业部兽药评审中心牌子。为适应加入 WTO 后国际化需求，2006 年 IVDC 增挂农业部兽药评审中心牌子（2018 年更名为农业农村部兽药评审中心），负责全国兽药注册技术审评，推动国产兽药通过 WHO、欧盟等国际认证，助力中国兽药走向全球市场。

2018 年至今：数字化与全球化转型。2018 年农业农村部机构改革后，IVDC 主导建设国家兽药二维码追溯系统，实现"一物一码"全程可追溯，2020 年牵头制定"减抗"政策，推动畜牧业绿色转型，并通过与 OIE（世界动物卫生组织）、FAO 合作研发非洲猪瘟疫苗，彰显全球疫病防控领导力。

通过以上演变，中国兽医药品监察所从单一生物制品检测机构，逐步发展为覆盖兽药全产业链、兼具国内监管与国际影响力的综合性技术权威机构。其职能扩展始终与国家畜牧业发展需求及全球兽药监管趋势紧密同步。

3. 工作职能

（1）承担兽药（包括兽用生物制品，下同）质量标准、兽药实验技术规范、兽药审评技术指导原则的制、修订工作；承担全国兽药的质量监督及兽药违法案件的督办、查处等工作；负责兽药质量检验和兽药残留检验最终技术仲裁；负责全国兽用生物制品批签发管理和兽药产品批准文号审查工作。

（2）承担新兽药和外国企业申请注册兽药的技术审评工作，提出审评意见。

（3）承担兽药生产质量管理规范（GMP）、临床及非临床试验管理规范

（GCP、GLP）检查验收工作；组织开展省级兽药监察所资格认证工作；指导省级兽药监察所和有关兽药生产企业的质量检验工作。

（4）承担兽药残留标准的制、修订工作；承担兽药残留监控工作；开展兽药残留检测工作；承担国家兽药残留基准实验室和省级残留试验室的技术指导工作。

（5）承担兽医器械标准的制、修订及检验测试工作；承担全国兽医器械的质量监督工作。

（6）承担兽药检验标准物质标准的制、修订工作；负责兽药标准物质的研究、制备、标定、鉴定及供应等工作。

（7）承担兽药的风险评估和安全评价；承担Ⅰ类、Ⅱ类兽医病原微生物菌（毒）种的试验和生产条件的审查工作；负责国家兽医微生物菌（毒、虫）种保藏、提供和管理工作，承担行业实验动物管理工作。

（8）参与起草兽药、兽医器械管理的法律、法规；开展相关检验技术研究、行业技术培训及国际技术交流与合作。

（9）承担兽药、兽医器械综合评价工作；跟踪了解兽药、兽医器械科研、生产、经营及使用等方面信息，承担相关信息发布工作。

（10）承担农业农村部委托的其他工作

（二）国家饲料质量检验检测中心（北京）

1. 机构简介

国家饲料质量检验检测中心（北京）（以下简称"中心"）成立于1988年，行政隶属于中国农业科学院农业质量标准与检测技术研究所，是由国家质量监督检验检疫总局依法授权的国家级饲料质检机构，具有第三方公正地位，依法向社会出具公正的检测数据。"中心"业务工作接受农业农村部的管理和指导，属于社会公益型技术服务事业单位（公益二类的事业单位）。

目前，"中心"被授权检测范围覆盖饲料、畜禽产品和水产品、植物源产品、动物尿液、土壤5大领域。检验参数涵盖理化检验、营养成分、农兽药残留、重金属及化学污染物、生物毒素、非法添加物、微生物学及分子生物学检测等650余项，检测对象包括饲料、饲料原料、饲料添加剂、宠物饲料等，技术能力在国内同行业处于领先地位。

长期以来，"中心"围绕政府监管和行业发展需求，承担饲料质量安全例行监测、专项整治、风险预警、仲裁检验、行政许可质量复核检测、委托检验以及饲料质量安全承检机构技术指导和人员培训等技术支撑和服务工作，为我国饲料质量安全监管技术保障和能力建设做出积极贡献。同时，"中心"依托科研院所人才和资源优势，积极开展饲料检测技术和设备研发、专业标准制修订、检测方法验证、饲料质量安全评价以及风险评估等科研工作。

2. 工作职能

被授权检测范围覆盖饲料、畜禽产品和水产品、植物源产品、动物尿液、土壤5大领域，可以检测饲料、饲料原料、饲料添加剂、宠物饲料等理化检验、营养成分、农兽药残留、重金属及化学污染物、生物毒素、非法添加物、微生物学及分子生物学检测等650余项参数。

二、地方兽药饲料监察机构

（一）机构设置

我国大多数省份已通过机构整合，将兽药监测与饲料监测职能合并至同一单位（如兽药饲料监察所），同时可能加挂其他检测中心牌子以明确职责范围。如广西壮族自治区兽药监察所（自治区饲料监测所、自治区畜牧产品质量检测中心）为广西壮族自治区农业农村厅管理的非参照公务员法管理的副处级全额拨款事业单位，主要承担兽药、兽医器械、饲料及畜牧产品质量检验、检测和兽药残留监控的技术性和事务性工作。

（二）工作职能

1. 省级兽药饲料监察机构

省级兽药饲料监察机构承担省级兽药、饲料和饲料添加剂质量监测工作；承担省级兽药、饲料和饲料添加剂质量安全检验检测及相关技术推广工作；承担省级兽药、饲料行业管理及质量安全管理的技术性、辅助性、事务性工作，包括参与起草省级兽药、饲料和饲料添加剂有关地方性法规、政府规章、政策措施、发展规划的技术性、辅助性工作，并协助组织实施；兽药、饲料和饲料添加剂方面行政审批的技术性、辅助性工作；兽药研制、生产、经营环节管理的技术性、事务性工作；参与兽药、饲料和饲料添加剂质量标准制修订，国家兽药标准物质协作标定工作；兽药、饲料和饲料添加剂质量安全风险监测与研判预警工作；兽药、饲料和饲料添加剂方面行政执法的技术支持工作。

2. 市县级兽药饲料监察机构

市（县）农业农村局（畜牧兽医部门）实施兽药饲料生产、经营、使用环节的日常监督检查。组织辖区内抽样送检，处理投诉举报案件。开展法律法规宣传和从业人员培训等。

第四章 中国畜牧兽医技能人才管理

中华人民共和国成立初期，农业生产实行计划经济模式，在实施农村家庭联产承包责任制政策之后，农业生产力迅速提升，农业出现了天翻地覆的变化。随着农业科技的进步，农业现代化水平的不断提高，畜牧业也得到了快速发展，农户散养畜牧业一度支撑全国人民的畜产品需求，使人们的生活水平不断得到改善。但是，我国进入小康社会以后，人们向往更加健康美好的生活，对高品质肉食品的需求不断增加，畜牧业由规模化和集约化，逐步升级至智能化和绿色化发展。现代畜牧业的发展需要大量的生产劳动者，对畜牧兽医技术技能人才的需求也越来越大。2019 年 4 月 30 日，经国务院常务会议讨论通过《高职扩招专项工作实施方案》，明确三年内高职扩招 300 万人（2019 年 100 万，2020—2021 年 200 万），覆盖退役军人、农民工等四类重点人群，推动职业教育成为稳就业的核心举措，通过教育扩招拉动内需，缓解就业压力，同时为产业转型储备技能人才。

在养殖企业里，技术技能人才薪资待遇和职业晋升路径通常都与技能等级直接挂钩，国家对畜牧兽医技术技能人才的管理也随着行业的发展不断改革、完善并规范化。

第一节 畜牧业职业分类

一、中国的职业分类

1999 年 5 月中国第一部《中华人民共和国职业分类大典》颁布，首次系统建立了职业分类框架，为制定国家职业标准明确了法定依据。随着我国经济社会的快速发展，中国社会职业构成也随之发生了巨大变化。为适应经济社会发展需要，2010 年底，人力资源社会保障部会同国家质检总局、国家统计局牵头成立了国家职业分类大典修订工作委员会及专家委员会，启动修订工作。2015 年 7 月 29 日，国家职业分类大典修订工作委员会全体会议在京召开，会议审议通过并颁布了 2015 年版《中华人民共和国职业分类大典》。2022 年 7 月《中华人民共和国职业分类大典》完成第二次修订。

2015 年版《中华人民共和国职业分类大典》职业分类结构为 8 个大类、75

个中类、434 个小类、1 481 个职业。第一大类名称修订为"党的机关、国家机关、群众团体和社会组织、企事业单位负责人"；第二大类名称为"专业技术人员"；第三大类名称为"办事人员和有关人员"；第四大类名称修订为"社会生产服务和生活服务人员"；第五大类名称修订为"农、林、牧、渔业生产及辅助人员"；第六大类名称修订为"生产制造及有关人员"；第七大类为军人；第八大类为不便分类的其他从业人员。与 1999 年版相比，2015 年版《中华人民共和国大典》维持 8 个大类，增加 9 个中类和 21 个小类，减少 547 个职业。经过系统专家努力，质检行业共 24 个职业被列入《中华人民共和国大典》，质检工作重要性进一步凸显。

2022 年版《中华人民共和国职业分类大典》职业分类结构包括大类 8 个、中类 79 个、小类 449 个、细类（职业）1 636 个，与 2015 年版的《中华人民共和国大典》相比，增加了法律事务及辅助人员等 4 个中类，数字技术工程技术人员等 15 个小类，碳汇计量评估师等 155 个职业。这些新产生的职业被纳入这个分类大典里面，进一步健全完善符合中国国情的现代职业分类，也反映了数字经济发展的需要，顺应了碳达峰、碳中和的趋势，契合了创新、协调、绿色、开放、共享的新发展理念，满足了人民美好生活的需要。

二、畜牧业职业分类

根据《中华人民共和国职业分类大典（2022 年版）》第五大类：农、林、牧、渔业生产及辅助人员，共有 6 个职业中类，其中畜牧业职业分类包括畜牧业生产人员和生产辅助人员，畜牧业生产人员包括畜禽种苗繁育人员、畜禽饲养人员和特种经济动物饲养人员，生产辅助人员有动植物疫病防治人员，包括动物疫病防治员和动物检疫检验员。

（一）畜牧业生产人员

1. 畜禽种苗繁育人员
（1）家畜繁殖员。
使用家畜繁殖工具、监测仪器，监测调控繁殖活动、配种和繁育仔畜的人员。主要工作任务：
①选择、饲喂、调教种畜；
②使用采精器械，采集种畜精液；
③使用显微镜等工具，检查、稀释、保存种畜精液；
④操作精液冷冻设备，制作细管冻精或颗粒冻精；
⑤测定、控制供体和受体的排卵与发情；
⑥使用输精、胚胎采移器具，输精或移植胚胎；
⑦观察、记录母畜受孕和妊娠情况，帮助分娩仔畜；

⑧测定、记录与统计分析种畜繁殖和生产性能。

本职业包含但不限于下列工种：种畜冻精制作工、家畜人工授精员、种畜胚胎移植工。

（2）家禽繁殖员。

使用家禽繁殖器具，进行人工授精和孵化雏禽的人员。主要工作任务：

①选择、饲喂、调教种禽；

②使用集精杯，采集种禽精液；

③使用显微镜等器具，检查、稀释、保存精液；

④捕捉、保定受体母禽，使用输精器，人工授精；

⑤收集、检查、处理种蛋；

⑥使用孵化器，控制孵化温度和流程，孵化种蛋；

⑦填写配种、繁殖及孵化记录；

⑧清洗、消毒家禽授精和孵化器具。

本职业包含但不限于下列工种：孵化工、家禽人工授精员。

2. 畜禽饲养人员

（1）家畜饲养员。

操作供料设备和圈养设施，饲喂家畜和收集乳、毛绒等产出品的人员。主要工作任务：

①操作配制和供料设备，饲喂圈养家畜；

②放牧、调教马牛羊等草食家畜；

③操作挤奶器具，收集生鲜乳；

④使用推毛机和梳毛器具，收集毛绒；

⑤观察母畜妊娠状况，助产与护理仔畜；

⑥清扫、排除粪污和杂物，控制圈舍环境；

⑦填写饲养记录和统计报表，协助生产性能测定工作；

⑧辅助兽医免疫防疫和消毒，无害化处理病、死畜。

本职业包含但不限于下列工种：驯马工、养猪工、草食家畜饲养工。

（2）家禽饲养员。

使用饲养器具、设施，喂养家禽、收集蛋品的人员。主要工作任务：

①操作配料、投料器，喂养家禽；

②捕捉、淘汰、转移家禽，收集蛋品；

③观察调整禽舍内温度、湿度、光照；

④配制消毒液，进行禽舍和饲养器具的消毒作业；

⑤监测家禽健康状况，协助兽医注射疫苗；

⑥无害化处理病死禽；

⑦填写生产记录和报表。

本职业包含但不限于下列工种：养鸡工、水禽饲养员。

3. 特种经济动物饲养人员

（1）经济昆虫养殖员。

使用养殖器具、设施，饲养经济昆虫、采集产出品的人员。主要工作任务：

①制作养殖器具和简单工具；

②选择饲喂或放飞的目标场所；

③收集、配制昆虫饲料；

④选择配种亲体，繁育或孵化幼虫；

⑤采集、加工、储运产出品；

⑥清洁、消毒饲养场所，防治疫病。

本职业包含但不限于下列工种：养蜂员、蚕饲养员、益虫饲养工。

（2）实验动物养殖员。

使用专用器具和设施，繁育和饲养鼠、兔等实验动物的人员。主要工作任务：

①操作饲育环境管控系统和设备，调控温湿度、噪音、光照、气流、洁净度等环境参数；

②使用器皿、工具，检测、加工、配制动物日粮；

③使用笼具和饮水、饲料装置，添加动物饮用水和饲料，更换垫料；

④检查、选择、配对发情动物，调整笼具、垫料和饲料；

⑤观察受孕动物妊娠情况，帮助分娩，清理、抚育幼仔；

⑥使用清扫工具、设施，清理消毒动物排泄物和饲喂废弃物并进行无害化处理；

⑦记录、填报实验动物生长发育数据及其相关情况。

本职业包含但不限于下列工种：实验动物饲养员、实验动物繁殖员。

（3）特种动物养殖员。

使用棚、圈养设施和工具，繁育、饲养药用动物和昆虫的人员。主要工作任务：

①建造和维护棚、圈等养殖设施，制作养殖器具；

②使用搅拌机械或手工，采集、加工、配制饲料；

③使用饲喂装置，投放饲料、水等；

④使用加热、遮盖、通风设施，调节温度、湿度、光照和空气质量；

⑤选择繁殖亲体，配种和繁育仔苗；

⑥收集产出品，初加工药用原料；

⑦清扫、消毒养殖场所、设施和器具。

本职业包含但不限于下列工种：特种禽类饲养员、特种经济动物繁育员、药用动物养殖员。

（二）生产辅助人员

（1）动物疫病防治员。

从事动物疫病预防、控制，患病动物治疗、护理，应急处置动物疫情的人员。主要工作任务：

①编制、实施动物疫病预防免疫方案和计划；

②保管兽用疫苗、兽药、兽用医疗器械、溯源设备，统计使用情况；

③施用动物疫苗，为动物免疫并加挂标识，填写免疫档案；

④检查动物饲养厩舍卫生，消毒、杀菌，驱除动物寄生虫；

⑤采集动物组织样本，包装和运送动物检疫材料；

⑥观察、检查动物形态，发现、报告患病动物和临床症状；

⑦协助兽医治疗患病动物，护理患病动物；

⑧观察、搜集、上报和协助处置疫情，填写疫情记录；

⑨执行动物疫情应急处置措施，无害化处理染疫动物。

本职业包含但不限于下列工种：中兽医员、兽医化验员。

（2）动物检疫检验员。

从事动物、动物产品疫病检查，出具检疫检验证明的人员。主要工作任务：

①检查动物健康状况、养殖档案、免疫等标识，出具动物健康证明；

②检查、消毒动物、动物产品运载工具，出具消毒证明；

③使用检疫、检验仪器或运用感官，鉴别、检查动物健康状况和动物产品品质；

④识别病、死动物和病害动物产品，进行无害化处理；

⑤监督相关主体对不符合检疫标准的动物及动物产品进行防疫消毒和无害化处理；

⑥上报动物疫情，并采取防范措施；

⑦填写动物检疫日志和检疫报表。

第二节　畜牧业职业技能标准

一、国家职业技能标准沿革

（一）工人技术等级阶段

国家职业技能标准前身是国家职业标准，而国家职业标准是由工人技术等级标准发展演变而来的。1956 年起我国移植应用苏联工人技术等级标准，在工业企业工人中实行八级工资制。之后，我国工人技术等级标准经历了 1963 年、1979 年和 1988 年三次修订，修订的标准涉及行业多、工种比较齐全，标准要求的技术水平衡量也越来越客观、科学；第三次修订后的工人技术等级标准由"知识要求""技能要求""工作实例"等几项内容组成，为企业内部的劳动管理起到了积极的作用。

（二）职业技能标准形成

为了完善职业技能鉴定制度，推动职业技能标准开发，促进劳动者素质不断提高，保证职业技能鉴定的客观公正，1993 年 7 月 9 日劳动部颁发了《职业技能鉴定规定（劳部发〔1993〕134 号）》，文件规定了每个工种（职业）的鉴定要求、鉴定内容，并提供了试题样例，为职业技能鉴定命题和题库开发工作的制定了依据。1999 年《中华人民共和国职业分类大典》颁布，国家职业标准制定工作启动，2012 年 8 月《国家职业技能标准编制技术规程》正式出台，标志着国家各行各业职业技能标准逐步建立形成。

（三）职业技能标准的内容

国家职业技能标准以《中华人民共和国职业分类大典》为依据，以客观反映现阶段本职业的水平和对从业人员的要求为目标，在充分考虑经济发展、科技进步和产业结构变化对本职业影响的基础上，对本职业的活动范围、工作内容、技能要求和知识水平都作了明确规定，包括以下内容。

（1）职业概况：包括职业名称、职业编码、职业定义、职业技能等级（一般设 3～5 个等级，即分别为：五级/初级工、四级/中级工、三级/高级工、二级/技师、一级/高级技师）、职业环境条件、职业能力特征、普通受教育程度、职业培训要求、职业技能评价要求（包括申报条件，评价方式，监考人员、考评人员与考生配比，评价时间，评价场所设备）。

（2）基本要求：包括职业道德和基础知识。

（3）工作要求：包括通则、职业功能、工作内容、技能要求和相关知识要求。

（4）权重表：包括理论知识权重表和技能要求权重表。

二、畜牧业职业技能标准

2005 年劳动和社会保障部、农业部联合制定、颁布了《家畜饲养工国家职业标准》，该标准首次对家畜饲养工种提出了系统的职业技能等级划分和考核要求，标志着我国畜牧业职业资格认证体系的开端。

2020 年 3 月 3 日，根据《中华人民共和国劳动法》有关规定，人力资源社会保障部、农业农村部共同制定颁布了 8 个国家职业技能标准，此次标准制修订主要有以下特点：一是丰富了有关职业道德的要求，增加了爱岗敬业、遵纪守法、诚实守信、公平竞争、精益求精、注重环保等相关内容。二是提高了技能要求，增加了涉及农业生产安全、农产品食品安全等相关法律法规的内容。同时，为发挥科技创新在推动现代农业发展中的重要作用，将新技术、新规范和新方法充实到标准中。三是拓宽了技能人才成长成才空间，根据农业产业发展对技能人才的需求，对标准内容、等级设置和申报条件等进行了调整。这8项标准的颁布，有助于提升农业技能人才的职业技能和职业素质，为实现农业增产、农民增收和脱贫攻坚，加快推进农业农村现代化提供强有力的人才支撑。其中涉及畜牧业的有家畜繁殖员、动物疫病防治员、动物检疫检验员、水生物病害防治员4个职业技能标准，这4个标准是根据农业产业发展新情况、新特点及对从业人员技能的新要求，对原有标准进行的修订完善。原相应国家职业技能标准同时废止。

第三节　畜牧业职业技能评价

一、职业资格目录

中国职业资格目录的历史沿革可分为以下几个阶段。

（一）制度建立阶段（1994—2013 年）

从 1994 年开始，中国推行国家职业资格证书制度，设置包括准入类职业资格和水平评价类职业资格，由人力资源社会保障部会同国务院有关主管部门设置。

（二）清理精简阶段（2014—2018 年）

2014—2016 年，国务院分 7 批取消职业资格许可和认定事项共 434 项，涉及汽车营销师、物业管理师等职业，地方自行设立的资格同步清理。

2017 年，人力资源社会保障部印发《关于公布国家职业资格目录的通知》（人社部发〔2017〕68 号），首次发布《国家职业资格目录》（以下简称《目录》），向社会公布了 140 项国家职业资格，其中技能人员职业资格 81 项，含消防设施操作员、焊工、轨道交通运输服务人员等 5 项准入类职业资格，确立《目录》外不得许可职业资格的规则。

（三）动态优化阶段（2019—2021 年）

2019 年，《目录》调整为 139 项，含专业技术人员 58 项、技能人员 81 项。

2021 年，《目录》优化至 72 项（专业技术人员 59 项，技能人员 13 项），主要变化包括：73 项水平评价类技能人员资格全部退出政府认定，转为社会化评价；精算师、矿业权评估师等纳入目录。《目录》取消了乡村兽医等资格，畜牧兽医行业仅剩执业兽医、家畜繁殖员两项准入类职业保留，其中执业兽医为专业技术人员职业资格，由农业农村部实施，实行全国统一考试方式，成绩合格者授予职业资格证；家畜繁殖员为技能人员职业资格，由农业行业技能鉴定机构实施。

（四）稳定发展阶段（2021 年至今）

2021 年后，《目录》更新周期调整为约 2 年，但截至 2025 年仍沿用 2021 年版，未公布新版。

二、职业技能评价政策

中国职业技能评价体系发展经历了制度基础建设、职业资格改革、标准体系完善三个阶段，发展至今形成当前以国家职业标准为核心、社会化评价为支撑的现代技能认证体系。

（一）职业技能等级制度基础阶段（1950—1994 年）

1. 八级工制度建立

1956 年国务院颁布《关于工资改革的决定》，建立八级工资制，通过技术等级标准体现工人技能差异，成为早期职业技能评价基础。

2. 等级制度转型

1985 年国务院发布《关于国营企业工资改革问题的通知》，逐步将八级工资制调整为三级工制度，弱化技术等级与工资的直接关联，但为后续职业标准体系提供了制度框架。

（二）职业资格规范化阶段（1994—2020 年）

1. 国家职业资格证书制度

1994 年起，开始实施国家职业资格证书制度，以职业活动为导向，以职业能力为核心，大力开展职业技能鉴定工作，初步建立了由初级、中级、高级、技师、高级技师五个等级构成的国家职业资格体系，构建了技术工人技能成长通道。同时，结合企业职工、院校学生及其他群体的不同特点和需求，在广泛开展社会化职业技能鉴定工作的同时，开展了企业内技能人才评价、职业院校学生资格认证以及专项职业能力考核试点工作。

2000 年，农业部发出关于印发《动物疫病防治员和动物检疫检验员实行就业准入制度实施方案》的通知（2000 年 4 月 26 日农人劳〔2000〕12 号），将动物疫病防治员和动物检疫检验员列入职业资格体系。

2005 年《家畜饲养工国家职业标准》正式实施，首次明确家畜饲养领域五个职业等级，将职业教育与职业技能鉴定纳入标准化轨道。

2. 简政放权

随着职业资格种类越来越繁多，交叉重复的现象较为严重，一些职业资格含金量较低，参加培训和鉴定的人员支付费用取得证书却没有实际效用，导致人才负担严重。2014—2016 年国务院分七批取消 434 项职业资格许可，涉及汽车营销师、插花员等职业，削减 70％以上部门设置资格。

2017 年 11 月 30 日中华人民共和国农业部令（2017 年第 8 号）为了依法保障简政放权、放管结合、优化服务改革措施落实，农业部对规章和规范性文件进行了全面清理，决定废止农业部关于印发《动物疫病防治员和动物检疫检验员实行就业准入制度实施方案》的通知（2000 年 4 月 26 日农人劳〔2000〕12 号），原属于水平评价类的动物疫病防治员、动物检疫检验员职业资格退出国家职业资格目录，不再作为就业准入的前置条件，转为社会化技能等级认定，相关职业能力评价转为由用人单位、社会组织按标准实施，颁发职业技能等级证书，作为从业者能力证明。

（三）社会化评价体系改革阶段（2020 年至今）

1. 职业标准系统性修订

2020 年人力资源社会保障部与农业农村部完成家畜繁殖员、动物疫病防治员、动物检疫检验员、水生物病害防治员共 4 项畜牧业国家职业技能标准修订，重点强化职业道德要求、安全生产规范及新技术应用，并优化等级申报条件。

2. 职业资格向技能等级认证转型

2020 年 7 月 20 日，人力资源社会保障部办公厅正式发布《关于做好水平评价类技能人员职业资格退出目录有关工作的通知》（人社厅发〔2020〕80 号），明确分两批将水平评价类技能人员职业资格退出目录，第一批 14 项职业资格（涉及 29 个职业）于 2020 年 9 月 30 日前完成退出，第二批 66 项职业资格（涉及 156 个职业）于 2020 年 12 月 31 日前完成退出，不再由政府或其授权的单位认定发证，转为社会化等级认定，由用人单位和相关社会组织按照职业标准或评价规范开展职业技能等级认定、颁发职业技能等级证书。退出目录前已发放的职业资格证书继续有效，可作为持证者职业能力水平的证明。对与公共安全、人身健康、生命财产安全等密切相关的水平评价类技能人员职业资格，根据相关法律法规调整为准入类职业资格。

该通知也提出了后续职业技能等级评价的工作要求：各省、自治区、直辖市及新疆生产建设兵团人力资源社会保障部门要推动各类企业等用人单位全面开展技能人才自主评价，遴选发布社会培训评价组织并指导其按规定开展职业技能等级认定，颁发职业技能等级证书，支持劳动者实现技能提升。

2022年《中华人民共和国畜牧法》修订后取消家畜繁殖员等职业准入资格，改为职业技能等级证书，改由备案机构开展社会化评价，形成"五级/初级工至一级/高级技师"的等级体系。

3. 现行评价机制特点

（1）等级贯通：允许通过工作年限、学历衔接、跨级申报等方式突破逐级晋升限制（如大专学历可直接报考四级/中级工）。

（2）动态调整：定期更新标准内容，如2024年家畜饲养工等级认定已增加智能化养殖技术考核模块。

（3）产教融合：支持职业院校、行业协会参与技能评价，推动学历证书与职业技能等级证书互通互认。

三、畜牧业职业技能评价管理机构

（一）层级和职能

畜牧业职业技能评价管理机构体系包括综合管理部门、业务指导机构和评价执行机构。2020年12月31日以前，畜牧业职业技能评价管理机构体系由人力资源社会保障部、农业行政主管部门及其职业技能鉴定指导中心或农业行业特有工种职业技能鉴定站组成。

1. 综合管理部门

人力资源社会保障部、农业行政主管部门负责统筹管理职业技能鉴定工作。

2. 业务指导机构

包括农业农村部职业技能鉴定指导中心（国家级指导单位）和各职业技能鉴定指导站，提供技术支持和标准制定。农业农村部职业技能鉴定指导中心负责农业行业职业技能鉴定业务工作，主要职责如下：

（1）组织、指导农业行业职业技能鉴定实施工作。

（2）组织农业行业国家（行业）职业标准、培训教材以及鉴定试题库的编制开发工作，并负责试题库的管理。

（3）负责制定鉴定站设立的总体原则和基本条件，并承担对申请设立鉴定站单位资格的复审。

（4）拟定农业行业职业技能鉴定考评人员的资格条件，并承担质量督导员的资格培训、考核与管理工作，指导考评人员的资格培训、考核并负责考评人员的管理工作。

（5）承担农业行业职业技能鉴定结果的复核和职业资格证书的管理工作，并负责农业行业职业技能鉴定信息统计工作。

（6）参与推动农业行业职业技能竞赛活动，开展职业技能鉴定及有关问题的研究与咨询工作。

（二）现行评价机构类型

2021 年 1 月 1 日以后，职业技能评价管理体系呈现"国家统筹、省级备案、属地监管、多元参与"的特点，通过分类管理、动态调整和信用约束机制，推动技能评价与产业需求精准对接。除执业兽医资格证是由农业农村部实施，实行全国统一考试方式，成绩合格者授予职业资格证外，其余畜牧业职业技能认定由备案机构开展社会化评价，具备资质的社会组织可以向省级人力资源和社会保障厅申请职业技能等级评价机构备案，获得批准后即可进行技能等级评价工作。现行评价机构类型包括：

1. 用人单位（企业）：面向本单位职工开展职业技能等级认定，建立技能等级与薪酬挂钩机制。

2. 社会培训评价组织：按市场化原则面向社会开展职业技能等级认定，需具备匹配的场地、设备及师资。

3. 职业院校与技工院校：开展"双证化"评价（学历证书＋职业技能证书），完善专业与职业工种衔接机制。

4. 专项职业能力考核机构：聚焦地方特色产业和新兴领域，依据专项能力考核规范开展最小技能单元评价。

四、畜牧业职业技能等级评价方式

初级工至高级工：以理论知识考试和操作技能考核为主。理论知识考试以笔试、机考等方式为主，主要考核从业人员从事本职业应掌握与岗位技能相关的基本理论知识、技术要求、法律法规及安全生产规范等基本要求和相关知识要求；操作技能考核是通过现场操作、模拟操作或实际任务完成情况评估技能水平，主要考核从业人员从事本职业应具备的技能水平，重点考察执行规程和解决实际问题的能力。

技师及以上等级：需增加综合评审环节，即主要针对技师（二级）和高级技师（一级），除了理论知识考试和操作技能考核，通常还采取审阅申报材料、答辩等方式进行全面评议和审查。

理论知识考试、技能考核和综合评审均实行百分制，成绩皆达 60 分（含）以上者为合格。职业标准中标注"★"的为涉及安全生产或操作的关键技能，考生在技能考核中违反操作规程或未达到该技能要求的，技能考核成绩为不合格。

第五章 中国畜牧兽医技术标准

　　改革开放 40 多年来，我国畜牧业发展取得了举世瞩目的成就，为保障畜产品有效供给、促进农民增收、保护生态环境做出了重要贡献。畜牧兽医技术标准是发展现代畜牧业的技术基础，是畜牧业科技成果转化为生产力的重要桥梁。建设畜牧兽医技术标准体系，对于提高畜产品质量安全水平、提升畜产品质量安全监管能力、促进畜牧业持续健康发展和应对畜产品国际竞争具有重要意义。

第一节 畜牧业标准化

一、标准化进程

（一）政策体系与目标框架

　　2004 年，农业部组织制定了《畜牧业国家标准和行业标准建设规划（2004—2010 年）》，对标准制修订做了全面部署，全国标准化工作加快推进，我国畜牧业标准体系基本形成以国家标准为龙头、行业标准为主导、地方和企业标准为补充的四级标准结构。

　　1. 顶层设计与量化指标

　　为推进畜牧兽医行业高质量发展，2021 年 12 月 14 日农业农村部印发了《"十四五"全国畜牧兽医行业发展规划》，明确到 2025 年，畜禽粪污综合利用率达到 80％以上，规模化养殖率超 78％，并推动全产业链的标准化、自动化和智能化发展。提出构建"2＋4"产业体系（生猪、家禽两个万亿级产业，奶畜、肉牛肉羊、特色畜禽、饲草四个千亿级产业），强化种业创新、疫病防控等关键领域技术标准。

　　2. 法规与制度保障

　　修订《兽药管理条例》，增设中兽药专章，简化兽用中药注册流程，推动中兽医药与现代养殖技术融合。有全国人大代表建议将智能中兽医药平台等基础设施纳入国家"十五五"重点工程。

（二）技术创新与标准化应用

1. 数智化技术渗透

将人工智能、物联网等技术广泛应用于养殖环境监控、疫病诊断和遗传育种，如牧原集团通过 AI 技术降低运营成本。推动中兽医智能诊疗装备研发，建立 AI 诊断模型和知识图谱，弥补传统中兽医人才的短缺。

2. 绿色与安全标准提升

推广循环经济模式，制定畜禽粪便资源化利用技术规范，降低碳排放。强化食品安全追溯体系，建立从养殖到加工的全程质量控制标准，提高有机、低抗畜产品认证要求。

（三）中兽医药标准化突破

传承与创新结合：将 118 种食药同源植物纳入《饲料原料目录》，推动中兽药在疫病防控和减抗养殖中的应用。推进中兽药饮片和单方颗粒制剂标准化，解决临床应用中的合规性难题。

（四）疫病防控与产业安全

综合防控能力建设：强化动物疫病监测预警体系，提升疫苗研发和生产技术标准，保障饲料、兽药质量安全监管。推广兽医社会化服务，完善基层防疫设施和人才培训机制。

（五）挑战与未来方向

1. 现存短板

中兽医药辨证分型标准缺失、智能装备普及不足，以及中小型养殖户技术落地难等问题仍需突破。

2. 发展趋势

技术标准将向国际化对标、全产业链协同、数据驱动决策等方向深化，助力畜牧业现代化转型。

通过上述政策引导和技术迭代，中国畜牧兽医技术标准正逐步形成覆盖生产全链条、兼顾传统与现代的综合性体系。

二、畜牧业标准化发展方向

标准化发展是实现畜牧业的高质量发展的必经之路，政府与市场相结合是促进行业领域标准化发展的有效途径。针对畜牧业特点，突出标准化的引领性，结合生产实际情况，政府与市场结合，做好顶层设计与具体部署结合，以标准化引领畜牧科技发展、促进畜牧业提质增效、提高产业竞争力，进而不断推动实现畜

牧业的高质量发展。

当今，畜牧业标准化发展应以新质生产力为引领，以智慧畜牧业为导向大力推进标准化建设，促进畜牧业提质增效、转型升级。畜牧业国家标准和行业标准也随着产业转型而修订，还需要加大协会团体标准的制定、修订和宣贯力度，鼓励和引导社会各界，特别是有条件的企业出资，不断围绕现代畜牧业新发展格局，推动建设企业主导的全产业链标准化建设体系，提升畜牧行业标准化建设水平，促进畜牧业标准的推广应用；同时加强国内外养殖企业先进管理经验和技术创新的交流与合作，通过共建输出中国畜牧业标准，引导企业"走出去"。

第二节　畜牧兽医技术标准现状

一、国家标准

近年来，中国在畜牧兽医技术标准化建设方面取得了显著进展。国家标准化管理委员会发布了 864 项畜牧兽医相关标准，涵盖了养殖、装备、饲料、诊断技术及产品检测等多个环节，确保了畜牧兽医工作的规范化和标准化。现行畜牧兽医技术标准有 676 项，即将实施 36 项，已经废止 152 项（表 5 - 1）。

表 5 - 1　中国畜牧兽医技术标准数量

序号	标准分类	强制性国家标准	推荐性国家标准	指导性技术文件	现行	即将实施	废止	合计
1	动物饲养和繁殖	30	344	2	316	16	44	376
2	家畜建筑、装置和设备	0	12	0	9	0	3	12
3	饲料	82	364	3	327	19	103	449
4	养蜂	1	25	1	24	1	2	27
	合计	113	745	6	676	36	152	864

数据来源：全国标准信息公共服务平台

二、行业标准

目前中国畜牧兽医行业标准主要有 63 项。

（一）畜牧类标准（14 个）

NY/T 682—2023　畜禽场场区设计技术规范
NY/T 1236—2023　种羊生产性能测定技术规范

NY/T 4295—2023　退化草地改良技术规范 高寒草地

NY/T 4308—2023　肉用青年种公牛后裔测定技术规范

NY/T 4309—2023　羊毛纤维卷曲性能试验方法

NY/T 4321—2023　多层立体规模化猪场建设规范

NY/T 4326—2023　畜禽品种（配套系）澳洲白羊种羊

NY/T 4329—2023　叶酸生物营养强化鸡蛋生产技术规程

NY/T 4338—2023　苜蓿干草调制技术规范

NY/T 4342—2023　叶酸生物营养强化鸡蛋

NY/T 4381—2023　羊草干草

NY/T 4443—2023　种牛术语

NY/T 4448—2023　马匹道路运输管理规范

NY/T 4450—2023　动物饲养场选址生物安全风险评估技术

（二）兽医类标准（18 个）

NY/T 537—2023　猪传染性胸膜肺炎诊断技术

NY/T 540—2023　鸡病毒性关节炎诊断技术

NY/T 545—2023　猪痢疾诊断技术

NY/T 554—2023　鸭甲型病毒性肝炎 1 型和 3 型诊断技术

NY/T 572—2023　兔出血症诊断技术

NY/T 574—2023　地方流行性牛白血病诊断技术

NY/T 4290—2023　生牛乳中 β-内酰胺类兽药残留控制技术规范

NY/T 4291—2023　生乳中铅的控制技术规范

NY/T 4292—2023　生牛乳中体细胞数控制技术规范

NY/T 4293—2023　奶牛养殖场生乳中病原微生物风险评估技术规范

NY/T 4302—2023　动物疫病诊断实验室档案管理规范

NY/T 4303—2023　动物盖塔病毒感染诊断技术

NY/T 4304—2023　牦牛常见寄生虫病防治技术规范

NY/T 4363—2023　畜禽固体粪污中铜、锌、砷、铬、镉、铅、汞的测定 电感耦合等离子体质谱法

NY/T 4364—2023　畜禽固体粪污中 139 种药物残留的测定 液相色谱-高分辨质谱法

NY/T 4422—2023　牛蜘蛛腿综合征检测 PCR 法

NY/T 4436—2023　动物冠状病毒通用 RT-PCR 检测方法

NY/T 4440—2023　畜禽液体粪污中四环素类、磺胺类和喹诺酮类药物残留量的测定 液相色谱-串联质谱法

（三）饲料类标准（19 个）

NY/T 116—2023 饲料原料 稻谷

NY/T 129—2023 饲料原料 棉籽饼

NY/T 130—2023 饲料原料 大豆饼

NY/T 211—2023 饲料原料 小麦次粉

NY/T 216—2023 饲料原料 亚麻籽饼

NY/T 4269—2023 饲料原料 膨化大豆

NY/T 4294—2023 挤压膨化固态宠物（犬、猫）饲料生产质量控制技术规范

NY/T 4310—2023 饲料中吡啶甲酸铬的测定 高效液相色谱法

NY/T 4347—2023 饲料添加剂 丁酸梭菌

NY/T 4348—2023 混合型饲料添加剂 抗氧化剂通用要求

NY/T 4359—2023 饲料中 16 种多环芳烃的测定 气相色谱-质谱法

NY/T 4360—2023 饲料中链霉素、双氢链霉素和卡那霉素的测定 液相色谱-串联质谱法

NY/T 4361—2023 饲料添加剂 α-半乳糖苷酶活力的测定 分光光度法

NY/T 4362—2023 饲料添加剂 角蛋白酶活力的测定 分光光度法

NY/T 4423—2023 饲料原料 酸价的测定

NY/T 4424—2023 饲料原料 过氧化值的测定

NY/T 4425—2023 饲料中米诺地尔的测定

NY/T 4426—2023 饲料中二硝托胺的测定

NY/T 4427—2023 饲料近红外光谱测定应用指南

（四）屠宰类标准（12 个）

NY/T 3357—2023 畜禽屠宰加工设备 猪悬挂输送设备

NY/T 3376—2023 畜禽屠宰加工设备 牛悬挂输送设备

NY/T 4270—2023 畜禽肉分割技术规程 鹅肉

NY/T 4271—2023 畜禽屠宰操作规程 鹿

NY/T 4272—2023 畜禽屠宰良好操作规范 兔

NY/T 4273—2023 肉类热收缩包装技术规范

NY/T 4274—2023 畜禽屠宰加工设备 羊悬挂输送设备

NY/T 4318—2023 兔屠宰与分割车间设计规范

NY/T 4319—2023 洗消中心建设规范

NY/T 4444—2023 畜禽屠宰加工设备 术语

NY/T 4445—2023 畜禽屠宰用印色用品要求

NY/T 4447—2023 肉类气调包装技术规范

第六章 中国畜牧兽医法治体系

改革开放后，伴随我国畜牧业持续快速发展，畜牧业成为农村经济的支柱产业。但随着现代畜牧业的发展，畜禽遗传资源流失、疫病风险等问题凸显，推动了专项立法的需求。2005 年《中华人民共和国畜牧法》首次颁布，确立畜禽遗传资源保护、种畜禽管理、疫病防控等畜牧兽医立法基础框架。该法的颁布实施不仅是我国畜牧业发展史上的重要里程碑，也为我国现代畜牧业的发展奠定重要的法律基础。经过 20 年的发展，畜牧兽医法治体系已形成覆盖产前、产中、产后全链条监管的法律法规和部门规章，涉及畜禽遗传资源保护、养殖规范、疫病防控、饲料兽药生产与经营、产品质量安全及执法监督等多个方面。畜牧兽医法治体系为畜牧业健康可持续发展保驾护航，保护生态文明以及动物和人类生命健康，对建设社会主义法治国家具有重要意义。

第一节 畜牧法规

一、法律法规

（一）中华人民共和国畜牧法

1. 立法目的

为了规范畜牧业生产经营行为，保障畜禽产品供给和质量安全，保护和合理利用畜禽遗传资源，培育和推广畜禽优良品种，振兴畜禽种业，维护畜牧业生产经营者的合法权益，防范公共卫生风险，促进畜牧业高质量发展，制定本法。

2. 动态调整

2005 年 12 月 29 日第十届全国人民代表大会常务委员会第十九次会议通过；根据 2015 年 4 月 24 日第十二届全国人民代表大会常务委员会第十四次会议《关于修改〈中华人民共和国计量法〉等五部法律的决定》修正；2022 年 10 月 30 日第十三届全国人民代表大会常务委员会第三十七次会议对《中华人民共和国畜牧法》进行修订，自 2023 年 3 月 1 日起施行。

3. 核心作用

2023 年修订版《中华人民共和国畜牧法》新增"保障畜禽产品供给""振兴

种业""防范公共卫生风险"等目标,体现从基础规范向高质量发展和风险防控的升级,进一步推动绿色可持续发展,保障畜禽产品供给和质量安全,维护畜牧业生产经营者的合法权益,防范公共卫生风险,促进畜牧业高质量发展。

现行《中华人民共和国畜牧法》全文可见中华人民共和国中央人民政府网站(https://www.gov.cn)。

(二)中华人民共和国草原法

1. 立法目的

保护、建设和合理利用草原,改善生态环境,维护生物多样性,发展现代畜牧业,促进经济和社会的可持续发展。

2. 动态调整

1985年6月18日第六届全国人民代表大会常务委员会第十一次会议通过,2002年12月28日第九届全国人民代表大会常务委员会第三十一次会议修订;根据2009年8月27日第十一届全国人民代表大会常务委员会第十次会议《关于修改部分法律的决定》第一次修正;2013年6月29日第十二届全国人民代表大会常务委员会第三次会议《关于修改〈中华人民共和国文物保护法〉等十二部法律的决定》第二次修正;根据2021年4月29日第十三届全国人民代表大会常务委员会第二十八次会议《关于修改〈中华人民共和国道路交通安全法〉等八部法律的决定》第三次修正。

3. 核心作用

2021年修订的《中华人民共和国草原法》明确了草原的所有权和使用权,强调了草原保护的重要性,鼓励合理利用草原资源,发展畜牧业和其他相关产业,鼓励草原使用者通过流转方式实现草原资源的优化配置。在保护草原资源、促进畜牧业发展和维护生物多样性方面发挥了重要作用。

现行《中华人民共和国草原法》全文可见国家法律数据库网站(https://flk.npc.gov.cn)。

(三)种畜禽管理条例

1. 立法目的

为加强畜禽品种资源保护、培育和种畜禽生产经营管理,提高种畜禽质量,促进畜牧业发展,制定《种畜禽管理条例》(现已废止)。

2. 动态调整

1994年4月15日中华人民共和国国务院令第153号发布《种畜禽管理条例》;根据2011年1月8日《国务院关于废止和修改部分行政法规的决定》修订;2018年3月19日,中华人民共和国国务院令第698号公布了《国务院关于修改和废止部分行政法规的决定》,废止《种畜禽管理条例》。

3. 核心作用

本条例旨在加强畜禽品种资源保护，明确畜禽品种培育和审定，规范种畜禽生产经营。

《种畜禽管理条例》可见中华人民共和国中央人民政府网站（https://www.gov.cn）。

（四）中华人民共和国农产品质量安全法

1. 立法目的

保障农产品质量安全，维护公众健康，建立科学、严格的监督管理制度，构建协同、高效的社会共治体系，促进农业和农村经济发展。

2. 动态调整

2006 年 4 月 29 日第十届全国人民代表大会常务委员会第二十一次会议通过；根据 2018 年 10 月 26 日第十三届全国人民代表大会常务委员会第六次会议《关于修改〈中华人民共和国野生动物保护法〉等十五部法律的决定》修正；2022 年 9 月 2 日第十三届全国人民代表大会常务委员会第三十六次会议修订。

3. 核心作用

《中华人民共和国农产品质量安全法》作为农产品质量安全领域的基础法律，明确了农产品生产经营者责任及监管部门职责，构建了从生产到销售的全程监管体系。通过实行源头治理、风险管理、全程控制，确保农产品质量符合安全标准，保障消费者健康安全。

现行《中华人民共和国农产品质量安全法》可见中华人民共和国中央人民政府网站（https://www.gov.cn）。

（五）中华人民共和国食品安全法

1. 立法目的

保证食品安全，保障公众身体健康和生命安全。

2. 动态调整

2009 年 2 月 28 日第十一届全国人民代表大会常务委员会第七次会议通过；2015 年 4 月 24 日第十二届全国人民代表大会常务委员会第十四次会议修订；根据 2018 年 12 月 29 日第十三届全国人民代表大会常务委员会第七次会议《关于修改〈中华人民共和国产品质量法〉等五部法律的决定》第一次修正；根据 2021 年 4 月 29 日第十三届全国人民代表大会常务委员会第二十八次会议《关于修改〈中华人民共和国道路交通安全法〉等八部法律的决定》第二次修正；2025 年 5 月 23 日召开的国务院常务会议决定将《中华人民共和国食品安全法（修正草案）》提请全国人大常委会审议。

3. 核心作用

2025 年修正草案新增对重点液态类食品散装运输实行许可制度。从事重点液态类食品散装运输，应当具有与所运输食品相适应的交通工具、容器、作业人员和管理制度，并依法取得重点液态类食品散装运输准运证明。

现行《中华人民共和国食品安全法》可见国家法律数据库网站（https://flk.npc.gov.cn）。

（六）乳品质量安全监督管理条例

1. 立法目的

加强乳品质量安全监督管理，保证乳品质量安全，保障公众身体健康和生命安全，促进奶业健康发展。

2. 动态调整

《乳品质量安全监督管理条例》经 2008 年 10 月 6 日国务院第 28 次常务会议通过，2018 年 10 月 9 日中华人民共和国国务院令第 536 号公布，自公布之日起施行。

3. 核心作用

明确乳品生产、加工、储存、运输等环节的质量安全标准，确保产品符合国家食品安全要求。从原料奶收购到成品销售全程监管，防止非法添加（如三聚氰胺）、微生物污染等风险。要求企业对乳品进行强制检验，监管部门定期抽检，确保问题产品不流入市场。

现行《乳品质量安全监督管理条例》可见中华人民共和国中央人民政府网站（https://www.gov.cn）。

（七）中华人民共和国畜禽遗传资源进出境和对外合作研究利用审批办法

1. 立法目的

加强对畜禽遗传资源进出境和对外合作研究利用的管理，保护和合理利用畜禽遗传资源，防止畜禽遗传资源流失，促进畜牧业持续健康发展。

2. 动态调整

2008 年 8 月 20 日国务院第 23 次常务会议通过，2008 年 8 月 28 日中华人民共和国国务院令第 533 号公布，自 2008 年 10 月 1 日起施行。

3. 核心作用

规范遗传资源进出境及合作研究行为，要求引进的遗传资源必须来自非疫区，用途合理且符合国家规划，输出需确保不威胁国内畜牧业发展，并制定合理的国家共享惠益方案，禁止向境外输出我国特有的或未鉴定的资源，防止核心技术流失，合作主体须为中方教育科研机构或独资企业，且合作需明确知识产权归属和研究成果共享方案。

现行《中华人民共和国畜禽遗传资源进出境和对外合作研究利用审批办法》可见中华人民共和国中央人民政府网站（https://www.gov.cn）。

（八）畜禽规模养殖污染防治条例

1. 立法目的

防治畜禽养殖污染，推进畜禽养殖废弃物的综合利用和无害化处理，保护和改善环境，保障公众身体健康，促进畜牧业持续健康发展。

2. 动态调整

2013 年 10 月 8 日国务院第 26 次常务会议通过，2013 年 11 月 11 日中华人民共和国国务院令第 643 号公布，自 2014 年 1 月 1 日起施行。

3. 核心作用

该条例的颁布标志着国家在畜禽规模养殖环境保护方面的重视与决心，通过规定严格的环保标准，引导养殖企业改进生产技术和管理方式，推动畜禽养殖业向生态化、绿色化方向发展；通过规范养殖行为，加强监管力度，推动养殖行业向规范化、标准化方向发展。

现行《畜禽规模养殖污染防治条例》可见中华人民共和国中央人民政府网站（https://www.gov.cn）。

（九）生猪屠宰管理条例

1. 立法目的

加强生猪屠宰管理，保证生猪产品质量安全，保障人民身体健康。

2. 动态调整

1997 年 12 月 19 日中华人民共和国国务院令第 238 号公布；2008 年 5 月 25 日中华人民共和国国务院令第 525 号第一次修订；根据 2011 年 1 月 8 日《国务院关于废止和修改部分行政法规的决定》第二次修订；根据 2016 年 2 月 6 日《国务院关于修改部分行政法规的决定》第三次修订；2021 年 6 月 25 日中华人民共和国国务院令第 742 号第四次修订，2021 年 6 月 25 日中华人民共和国国务院令第 742 号公布，自 2021 年 8 月 1 日起施行。

3. 核心作用

新修订的《生猪屠宰管理条例》针对建立生猪进厂查验、屠宰过程质量管理、产品出厂记录等制度，明确了生猪屠宰厂（场）对产品质量安全的主体责任，通过全过程管理保障消费者食用安全。此外，还确立生猪定点屠宰和集中检疫制度，禁止未经定点从事屠宰活动（农村地区个人自宰自食除外），并要求边远地区设置小型屠宰场点需符合地方规定。同时推行分级管理和信用档案制度，提升行业标准化水平。

现行《生猪屠宰管理条例》可见中华人民共和国中央人民政府网站

（https：//www.gov.cn）。

（十）饲料和饲料添加剂管理条例

1. 立法目的

加强对饲料、饲料添加剂的管理，提高饲料、饲料添加剂的质量，保障动物产品质量安全，维护公众健康。

2. 动态调整

1999 年 5 月 29 日中华人民共和国国务院令第 266 号发布；根据 2001 年 11 月 29 日《国务院关于修改〈饲料和饲料添加剂管理条例〉的决定》第一次修订；2011 年 10 月 26 日国务院第 177 次常务会议修订通过；根据 2013 年 12 月 7 日《国务院关于修改部分行政法规的决定》第二次修订；根据 2016 年 2 月 6 日《国务院关于修改部分行政法规的决定》第三次修订；根据 2017 年 3 月 1 日《国务院关于修改和废止部分行政法规的决定》第四次修订。

3. 核心作用

新修订的《饲料和饲料添加剂管理条例》明确要求建立覆盖生产、经营、使用全过程的监管体系，明确原料质量、生产工艺、市场准入等环节标准要求，确保饲料及添加剂的安全性、有效性，防止不合格产品流入市场。鼓励研发符合科学、安全、环保原则的新饲料及添加剂，支持企业建立质量安全制度，促进饲料工业技术升级和标准化发展。将环保原则纳入新饲料研发标准，强化污染防治措施，维护公众健康及生态环境。

现行《饲料和饲料添加剂管理条例》可见中华人民共和国中央人民政府网站（https：//www.gov.cn）。

二、部门规章

（一）种质资源管理规章

1. 优良种畜登记规则

该规章于 2006 年 7 月 1 日起施行，近年结合《中华人民共和国畜牧法》修订强化，旨在规范优良种畜登记制度，提升种畜遗传质量。其核心内容包括：

（1）登记对象。覆盖《中国畜禽遗传资源目录》中的牛、羊、猪等 9 类家畜，要求个体符合品种标准且综合鉴定等级为一级以上。

（2）申请条件。申请者需具备种畜禽生产经营许可资格，并向省级以上畜牧技术推广机构（以下简称登记机构）提供种畜系谱、照片等材料。登记机构需在收到申请之日起 30 个工作日内完成审定，通过后发放证书并公告。

农业农村部于 2023 年推出国家种畜禽遗传评估中心，实现登记数据实时上传与动态分析。种畜照片需通过 AI 图像识别技术验证外貌特征，系谱档案采用区块链存证。

（3）档案管理。实行"一畜一卡"制度，记录种畜基本信息、系谱、外貌特征及生产性能等，书面档案保存 5 年，电子档案长期保存。对通过登记的种畜，优先纳入国家畜禽遗传改良计划，享受育种补贴。2025 年中央财政对国家级核心育种场的补贴标准提高至 300 万元/年。

（4）动态管理。种畜转让、淘汰或死亡需及时报告，违规骗取登记或种畜不再符合条件的将被撤销资格。建立京津冀、长三角等区域种畜互认制度，推动形成"全国一张网"的种质资源管理格局。引入第三方评估机构，对连续 3 年生产性能不达标的登记种畜实施强制淘汰，2024 年全国累计撤销 237 份不符合条件的种畜登记证书。

2. 畜禽标识和养殖档案管理办法

作为畜禽可追溯体系的核心制度，该办法自 2006 年 7 月 1 日起施行，明确了畜禽标识编码规则和养殖档案要求。

（1）标识管理。采用"一畜一标"制度，编码包含种类代码、县级行政区域代码和标识顺序号，猪、牛、羊分别使用 1、2、3 代码。标识需在畜禽出生后 30 天内加施，破损需及时更换。2023 年起全面推广蓝牙电子耳标，实现养殖数据自动采集。2024 年实行肉类经销商户赋码，消费者扫码可查询检疫证明、肉品品质检验合格证等三证信息。

（2）档案管理。养殖场需记录品种来源、饲料兽药使用、免疫诊疗等信息，种畜需建立个体档案。农业农村部开发"牧运通"App（现整合为"农业农村部政务通"App），养殖场可通过手机端完成档案填写与提交。养殖和防疫档案保存时间为：商品猪，禽 2 年，牛 20 年，羊 10 年，种畜禽档案永久保存。跨省调运监管方面，全国动物检疫电子出证系统实现生猪跨省调运"点对点"监管，未经标识的生猪不得进入屠宰环节。

（3）监管措施。动物卫生监督机构在检疫、屠宰环节查验标识，未加施标识的不得出具检疫证明。通过信息化管理实现畜禽产品全程追溯。

（4）法律责任。对违规使用标识、伪造档案等行为，依据《中华人民共和国畜牧法》《中华人民共和国动物防疫法》等追究责任，还将企业纳入信用黑名单，限制参与政府招标项目。

3. 畜禽遗传资源保种场保护区和基因库管理办法

此办法自 2006 年 7 月 1 日起施行，为落实种业振兴行动，2023 年以来政策体系进一步完善。

（1）保护体系扩容。新增蜜蜂、蚕等特种经济动物遗传资源保护单位，国家级保种场数量从 2019 年的 170 家增至 2024 年的 238 家。福建省对地方品种太湖点子鸽实施"原产地＋异地"双保险保护，广东省明确保种群与商品群需分开饲养，避免疫病风险。

（2）资金保障机制。中央财政对保种场的补助标准提高至牛80万元/年、猪60万元/年，2025年全国累计投入保护资金超15亿元。资金使用范围扩大至基因测序、冷冻精液制作等技术环节。例如，海南省修订的《畜禽遗传资源保种场和基因库管理办法》明确资金用于保种素材收集、群体增量补贴等。

（3）动态监测评估。建立遗传多样性监测体系，每5年对保种场进行遗传质量抽检。2024年对126个保种场的评估显示，92%的地方品种遗传纯度保持在90%以上。允许保种场在确保遗传资源安全的前提下，适度开展特色产品开发，如江苏省通过"保种＋旅游"模式带动溧阳鸡等地方品种年销售额增长30%。

该办法的实施使我国畜禽遗传资源保护率从2019年的75%提升至2024年的90%，濒危品种数量减少40%。

4. 畜禽新品种配套系审定和畜禽遗传资源鉴定办法

此办法于2006年7月1日起施行，旨在加强畜禽遗传资源保护与管理。虽暂未迎来最新修订，但随着行业发展与上位法《中华人民共和国畜牧法》在2022年修订，其在执行层面有了新变化。

（1）设立条件。保种场需场址契合原产地生态，布局合理，防疫达标。例如猪保种场，母猪要100头以上，公猪12头以上，且家系数不少于6个；保护区应位于畜禽遗传资源中心产区，界限明确，像山区蜂种保护区半径距离不小于12公里；要有一定群体规模，单品种资源保护数量不少于保种场群体规模的5倍；基因库要有固定场所，配备完善设备与专业人员，牛羊单品种冷冻精液需保存3 000剂以上等。

（2）申报流程。每年3月底前，符合条件的单位或个人向省级畜牧行政主管部门提交申请表、说明资料等材料。省级部门20个工作日内完成初审，农业农村部收到材料后15个工作日内决定是否受理，必要时组织现场审验。

（3）监督管理。保种场、保护区、基因库公告后不得擅自变更关键信息，确需变更需按原程序重新申请。县级以上畜牧技术推广机构提供技术指导，保种场要严格执行保种规划，在保护区周边设立保护标志，基因库定期采集、更新遗传材料。享受财政支持的相关机构，未经批准不得擅自处理受保护资源。

5. 家畜遗传材料生产许可办法（现已废止）

此办法于2010年3月1日施行，根据2015年10月30日农业部令2015年第3号《农业部关于修订〈家畜遗传材料生产许可办法的决定〉》修订，强化了冷冻精液、胚胎等遗传材料的生产监管。2025年3月10日农业农村部公布《种畜禽生产经营许可管理办法》，原《家畜遗传材料生产许可办法》同时废止。

（1）许可条件。生产单位需具备相应设施（如冷冻精液需精子密度测定仪）、合格种畜（如牛冷冻精液需50头以上种公牛）及专业技术人员（高级技术职称占比80%以上）。

（2）审批流程。申请者提交申请表、种畜系谱、设备检定报告等，省级畜牧部门组织专家现场评审，检测产品质量后发证。

（3）动态管理。许可证有效期 3 年，新增供体畜需重新评审，质量不合格者淘汰。农业农村部可开展监督抽查。

（4）出口监管强化。建立遗传材料出口分级管理制度，对列入保护名录的品种实施"一事一报"。

（5）法律责任。对违规生产、销售遗传材料的行为，依据《中华人民共和国畜牧法》处罚。

（二）饲料管理规章

1. 饲料和饲料添加剂生产许可管理办法

此管理办法于 2012 年 7 月 1 日起施行，依据农业农村部令 2022 年第 1 号修改后重新公布，旨在加强饲料、饲料添加剂生产许可管理，保障产品质量安全。

设立企业需符合饲料工业发展规划与产业政策，具备适配的厂房、设备、仓储设施，专职技术人员，产品质量检验机构及人员、设施与管理制度，同时满足安全、卫生及环保要求，还需符合农业农村部规定的其他质量安全管理规范条件。

申请时，申请人需向生产地省级饲料管理部门提交材料。若申请设立饲料添加剂、添加剂预混合饲料生产企业，省级部门需在 20 个工作日内进行书面审查与现场审核，并上报农业农村部，农业农村部经专家评审后 10 个工作日内决定是否核发生产许可证；若申请设立单一饲料、浓缩饲料、配合饲料和精料补充料生产企业，省级部门应在受理之日起 10 个工作日内书面审查，合格后组织现场审核，并在 10 个工作日内决定是否发证。生产许可证有效期为 5 年，有效期满前 6 个月需提出续展申请。

企业若有增加、更换生产线等特定情形，需重新办理生产许可证；企业名称、法定代表人等变更，应在规定时间内向省级饲料管理部门申请变更手续。

2. 饲料质量安全管理规范

《饲料质量安全管理规范》于 2015 年 7 月 1 日起施行，2017 年 11 月 30 日农业部令 2017 年第 8 号修订，旨在围绕饲料生产的原料采购、生产加工、产品销售等全过程，制定并落实严格质量把控标准。

在原料采购环节，企业必须构建完善供应商评价制度，认真查验供应商资质及产品合格证明，以此确保所采购原料安全合规。以玉米、豆粕等大宗原料为例，不仅要检测其营养成分，还需严格检测霉菌毒素含量等关键指标。

在生产加工过程中，企业应配备先进生产设备，并定期进行维护保养，同时严格控制生产环境的温度、湿度等条件，全力防止交叉污染。比如在添加剂预混合饲料生产车间，需采用专用设备，避免不同添加剂间的混杂。

产品质量检验是重中之重，企业应设立内部质检机构，配备专业质检人员和先进检测设备，依据国家标准或行业标准对产品进行全面检测。每批次产品出厂前，都要进行严格质量抽检，只有检测合格的产品方可进入市场销售。并且，企业要建立健全产品追溯体系，详细记录原料来源、生产批次、销售去向等信息，一旦产品出现质量问题，能够迅速溯源并召回。

3. 进口饲料和饲料添加剂登记管理办法

该管理办法于 2014 年 1 月 13 日以农业部令 2014 年第 2 号公布，经 2016 年、2017 年两次修订，旨在加强进口饲料及添加剂监管，保障动物产品质量安全。

境外企业首次向中国出口饲料、饲料添加剂，须向农业部申请进口登记，取得登记证，无证不得在国内销售、使用，且需委托中国境内机构代理办理。

申请时需提交中英文对照的一式两份资料，包括登记申请表、委托书及代理机构资质证明、生产地批准文件、产品成分、工艺、标准、标签式样等；特定产品还需提交结构或分类鉴定报告、有效性及安全性评价报告等。样品需提供 3 个批次、每批次 2 份，每份不少于检测量 5 倍，必要时附标准品。

农业部受理后 10 个工作日内审查资料，合格则通知送检，检验机构 3 个月内完成复核检测。对部分特殊产品，农业部按新饲料、新饲料添加剂评审程序组织评审。复核合格的，10 个工作日内核发登记证并公告。

登记证有效期 5 年，期满前 6 个月需申请续展，部分情况需提交样品复核。有效期内生产场所迁址或产品标准等重大变化需重新登记，名称等变更需申请变更登记。

境外企业需在领证后 6 个月内设立销售机构或确定代理机构并备案，销售时产品须包装合规且附中文标签。若产品有害，农业部将禁用并撤销登记证，相关企业需召回并处理产品。

4. 新饲料和新饲料添加剂管理办法

该管理办法自 2012 年 5 月 2 日发布实施，依据农业农村部令 2022 年第 1 号修改，2022 年 1 月 7 日重新公布施行。目的在于鼓励饲料及饲料添加剂创新的同时，着重保障新产品的安全有效性。

研制者、生产者在新产品投入生产前，应当向农业农村部提出审定申请，提交内容完整的资料，包括产品名称、研制目的、有效组分及理化性质、生产工艺、稳定性试验报告、质量标准草案、饲喂试验报告、安全性评价试验报告等，同时还需提供产品样品。其中，创新型产品需在国内进行安全性评价试验。

农业农村部自受理申请后 5 个工作日内，将资料和样品交全国饲料评审委员会评审。评审以会议形式进行，需 9 名以上评审委员会专家参与，必要时可邀请外部专家，形成评审意见和纪要。

评审原则通过后，样品交指定机构质量复核，3 个月内完成（特殊检测可延长 1 个月），结果报评审委员会并送达申请人，申请人 15 个工作日内可申请复检。

评审委员会 9 个月内提交评审结果，需补充试验的经同意可延长 3 个月。农业农村部收到结果后 10 个工作日内决定是否发证，评审通过则公告并发布质量标准，产品有 5 年监测期。

5. 饲料添加剂产品批准文号管理办法

该管理办法于 2012 年 7 月 1 日施行，取代 1999 年旧版办法，目的是强化产品批准文号管理，依据《饲料和饲料添加剂管理条例》制定。

企业生产饲料添加剂、添加剂预混合饲料，必须向省级饲料管理部门申请产品批准文号。申请资料除申请书、生产许可证复印件、产品配方、质量标准、检验方法、标签及说明书样稿外，还需提供产品主成分指标的自检报告。申请饲料添加剂产品批准文号，若无国家或行业标准，要提交省级指定检验机构出具的主成分指标检测方法验证结论；申请新饲料添加剂产品批准文号，需提供农业农村部核发的新饲料添加剂证书复印件。

省级饲料管理部门受理申请后，10 个工作日内完成书面审查，合格的进行现场抽样封样，送指定检验机构。检验机构 30 个工作日内完成产品质量复核检验并出具报告，省级部门依据审查和检验结果，10 个工作日内决定是否核发批准文号。

产品批准文号有效期 5 年，期满前 6 个月需申请续展。企业必须严格按批准文号对应的配方和质量标准生产，不得擅自更改。企业名称、产品名称改变或产品异地生产，需重新办理批准文号。严禁企业间共用、假冒、伪造、转让或买卖批准文号，也不能用其他编号冒充。若主产品成分指标改变、文号逾期、文号失效，需重新办理。出现转让文号、两次抽检不合格、申请时弄虚作假等情况，原核发文号机关将注销文号并公告，违反《饲料和饲料添加剂管理条例》的，按条例处罚，吊销生产许可证的同时吊销产品批准文号。

（三）畜牧产品管理规章

1. 生鲜乳生产收购管理办法

该管理办法于 2008 年 11 月 7 日发布施行，旨在规范生鲜乳生产收购活动，保障生鲜乳质量安全。随着行业发展，近年来围绕生产源头、收购环节、运输监管出台多项新要求，持续强化全链条管控。

（1）生产源头。奶畜养殖场、养殖小区须依法备案获取奶畜养殖代码，严格按良好规范要求实施标准化生产和管理，建立涵盖饲料使用、疫病防治、繁殖记录的电子养殖档案，档案保存年限延长至 4 年以上，确保奶源质量可追溯。明确禁止在饲料中添加动物源性成分（乳及乳制品除外）及危害人体或动物健康的物质，对兽药使用实行休药期制度，建立用药记录并保存 2 年。

（2）收购环节。乳制品生产企业、养殖场、奶农合作社开办收购站，除配备冷却、冷藏设施及专业人员外，需接入省级生鲜乳质量安全监管平台，实时上传收购检测数据。检测项目从传统感官、酸度等基础指标，扩展至兽药残留（如

β-内酰胺类、四环素类）、微生物（如菌落总数、大肠杆菌）等 12 项安全指标，检测频率根据季节波动动态调整，夏季高温期加密至每日一检。未按规定检测或数据异常的，暂停收购资格并追溯奶源。

（3）运输监管。运输车辆须取得县级准运证明，且仅允许运输生鲜乳与饮用水。车辆需加装 GPS 定位与温度传感设备，实时向监管平台传输运输路径及奶罐温度（需保持 0～4℃），温度异常超 30 分钟自动触发预警。车主每季度提交车辆维护报告，包括奶罐内壁防腐蚀涂层检测、制冷系统效能评估等，未通过检测的车辆暂停运营。运输路线由县级畜牧部门统一规划，单程运输时间原则上不超过 6 小时，避免因时效过长影响生鲜乳品质。

2. 病死畜禽和病害畜禽产品无害化处理管理办法

该管理办法于 2022 年 7 月 1 日发布施行。它以《中华人民共和国动物防疫法》为依据，构建了覆盖畜禽饲养、屠宰、经营、运输全链条的无害化处理制度体系，明确了"政府主导、市场运作、财政补助、保险联动"的基本原则，为防控动物疫病、维护公共卫生安全提供了法治保障。

（1）责任体系。该办法明确地方政府属地责任、部门监管责任和生产经营者主体责任。从事畜禽养殖、屠宰的单位和个人须承担无害化处理主体责任，可自行处理或委托专业处理场，运输途中死亡的畜禽需由承运人配合货主处理，严禁随意弃置。

（2）处理规范。无害化处理需符合《病死及病害动物无害化处理技术规范》，采用焚烧、化制、深埋等方式，并强化生物安全风险防控。例如，焚烧法需确保燃烧室温度≥850℃，二燃室烟气停留时间≥2 秒，飞灰按危险废物管理；化制法需在 140℃、0.5MPa 压力条件下处理 4 小时以上，废水废气需达标排放。处理产物资源化利用需符合环保要求，全程视频监控并记录流向。

（3）监管机制。要求处理场接入国家病死畜禽无害化处理监管平台，实时上传收集、运输、处理数据。例如，陕西省 2024 年规划要求专业处理场配备 GPS 定位、温度传感设备，运输车辆定期进行环境样品检测，处理记录保存 5 年以上。

第二节　兽医法规

一、法律法规

（一）中华人民共和国动物防疫法

1. 立法目的
加强对动物防疫活动的管理，预防、控制、净化、消灭动物疫病，促进养殖业发展，防控人畜共患传染病，保障公共卫生安全和人体健康。

2. 动态调整

1997年7月3日第八届全国人民代表大会常务委员会第二十六次会议通过；2007年8月30日第十届全国人民代表大会常务委员会第二十九次会议第一次修订；根据2013年6月29日第十二届全国人民代表大会常务委员会第三次会议《关于修改〈中华人民共和国文物保护法〉等十二部法律的决定》第一次修正；根据2015年4月24日第十二届全国人民代表大会常务委员会第十四次会议《关于修改〈中华人民共和国电力法〉等六部法律的决定》第二次修正；2021年1月22日第十三届全国人民代表大会常务委员会第二十五次会议第二次修订。

3. 核心作用

2021年修订版《中华人民共和国动物防疫法》通过构建动物疫病预防、控制、净化和消灭的全链条管理体系，阻断非洲猪瘟、高致病性禽流感等重大疫病传播，降低养殖业经济损失；强化人畜共患传染病的跨部门联防联控，保障公共卫生安全；规范动物检疫、运输及病死动物无害化处理流程，确保肉蛋奶等畜禽产品质量安全，防范食源性疾病风险；同时明确政府、企业及社会力量协同责任，推动畜牧业从被动应急向主动防控转型，为产业高质量发展和人民群众生命健康提供系统性法律保障。

现行《中华人民共和国动物防疫法》全文可见中华人民共和国中央人民政府网站（https://www.gov.cn）。

（二）重大动物疫情应急条例

1. 立法目的

通过建立快速响应和规范化管理体系，预防、控制和扑灭重大动物疫情，最大限度减少疫情对畜牧业生产、公共卫生安全及社会经济的危害。通过明确各级政府、相关部门及社会主体的职责，强化疫情监测预警、应急处置和资源保障能力，确保在突发重大动物疫情时能依法高效应对，保障畜禽产品供给安全、维护公众健康及社会稳定。

2. 动态调整

2015年11月18日中华人民共和国国务院令第450号发布；根据2017年10月7日《国务院关于修改部分行政法规的决定》修订。

3. 核心作用

通过构建统一领导、分级负责的应急机制，协调农业、卫生、市场监管等多部门联防联控，确保疫情早发现、快处置、严管控。通过规范疫情报告、诊断确认、封锁扑杀、补偿救助等关键环节，阻断疫情传播链条，降低经济损失和社会风险。同时，强化信息公开与科学防控，提升公众防疫意识，为维护畜牧业健康发展和社会公共安全提供制度保障。

现行《重大动物疫情应急条例》全文可见中华人民共和国中央人民政府网站（https://https://www.gov.cn）。

（三）病原微生物实验室生物安全管理条例

1. 立法目的

加强病原微生物实验室的生物安全管理，保护实验室工作人员和公众的健康。通过建立系统的管理制度，对病原微生物实行分类管理、对实验室实行分级管理，并统一国家标准，确保实验活动在安全可控的条件下进行，以维护生物安全领域的公共利益。

2. 动态调整

2004 年 11 月 12 日中华人民共和国国务院令第 424 号公布；根据 2016 年 2 月 6 日《国务院关于修改部分行政法规的决定》第一次修订；根据 2018 年 3 月 19 日《国务院关于修改和废止部分行政法规的决定》第二次修订。

3. 核心作用

条例的核心作用体现在构建多层级监管体系，明确国务院卫生、兽医主管部门及地方政府的职责分工，强化实验室设立单位的安全管理主体责任。通过规范实验活动的审批流程、实验室分级标准以及样本采集、运输的技术要求，有效阻断病原微生物的传播风险。同时，推动信息公开与责任追溯机制，为实验室生物安全提供制度保障，平衡科研需求与公共健康保护之间的关系。

现行《病原微生物实验室生物安全管理条例》全文可见中华人民共和国中央人民政府网站（https://www.gov.cn）。

（四）中华人民共和国进出境动植物检疫法

1. 立法目的

通过法律手段防止动物传染病、寄生虫病和植物危险性病虫害传入或传出国境，保护农林牧渔业生产安全和人体健康，同时推动对外经济贸易的可持续发展。该法首次以法典形式建立进出境动植物检疫制度，通过科学规范的管理体系阻断有害生物跨境传播风险，平衡生物安全保护与国际贸易便利化的双重需求。

2. 动态调整

1991 年 10 月 30 日第七届全国人民代表大会常务委员会第二十二次会议通过，1991 年 10 月 30 日中华人民共和国主席令第五十三号公布，自 1992 年 4 月 1 日起施行；根据 2009 年 8 月 27 日第十一届全国人民代表大会常务委员会第十次会议《关于修改部分法律的决定》第一次修正。

3. 核心作用

明确检疫对象范围与管理权限，规定对进出境动植物及其产品、运输工具实施强制性检疫监管，并授权口岸检疫机关行使登船、登机检查等职权。通过国务院农业行政主管部门统一领导、国家动植物检疫局统筹协调、地方口岸机关具体执行的层级化管理体系，强化疫情监测、国际合作及应急处置能力。同时，规范了检疫程序和技术标准，为维护国家生态安全、保障农产品贸易质量提供制度保障。

现行《中华人民共和国进出境动植物检疫法》全文可见中华人民共和国农业农村部网站（https：//www.moa.gov.cn）。

（五）兽药管理条例

1. 立法目的

通过规范兽药研制、生产、经营、进出口及使用等全流程管理，确保兽药质量安全有效，防治动物疾病，促进养殖业健康发展，同时保障畜禽产品质量安全，维护人体健康与公共卫生。条例以加强兽药监管为核心，明确兽药管理制度的法律框架，平衡畜牧业发展需求与公共健康保护的目标。

2. 动态调整

2004年4月9日中华人民共和国国务院令第404号公布，根据2014年7月29日《国务院关于修改部分行政法规的决定》第一次修订；根据2016年2月6日《国务院关于修改部分行政法规的决定》第二次修订；根据2020年3月27日中华人民共和国国务院令第726号《国务院关于修改和废止部分行政法规的决定》第三次修订。

3. 核心作用

该条例的核心作用体现为构建多层次监管体系，明确国务院及地方兽医行政管理部门的职责分工，实施兽药生产许可、质量检验、分类管理及储备制度。通过严格规定兽药生产企业的准入条件、产品包装标签规范以及新兽药研制的安全性评价要求，从源头保障兽药安全性和有效性。同时强化兽药使用环节的追溯管理，建立突发事件应急调用机制，为防控动物疫病、维护畜禽产品供应链稳定提供制度保障。

现行《兽药管理条例》全文可见中华人民共和国农业农村部网站（https：//www.moa.gov.cn）。

二、部门规章

（一）防疫规章

1. 农业农村部关于做好动物疫情报告等有关工作的通知

（1）立规目的。通过规范动物疫情报告、通报和公布的流程，强化动物疫病防控体系的统一性和时效性，明确农业农村部和地方各级兽医主管部门的职责分工，确保疫情信息及时、准确传递，提升动物疫病预警、防控和应急处置能力，从而保障养殖业稳定发展、阻断人畜共患病传播风险，维护公共卫生安全及社会秩序。

（2）动态调整。原相关业务规定规章为《动物疫情报告管理办法》（农牧发〔1999〕18号），2018年6月15日《农业农村部关于做好动物疫情报告等有关工作的通知》（农医发〔2018〕22号）印发，《动物疫情报告管理办法》同时废止。

（3）核心作用。通过层级化职责划分和分类报告机制，构建了从基层到中央的联防联控网络。其核心作用在于强化疫情监测的敏感性和响应效率，例如对重大疫情或新发疫病实现"早发现、早报告、早处置"，避免疫情扩散，同时通过信息共享和国际疫情追踪，为科学决策提供数据支持，降低动物疫病对经济、生态及公共卫生的潜在威胁。

现行《农业农村部关于做好动物疫情报告等有关工作的通知》全文可见中华人民共和国农业农村部网站（https://www.moa.gov.cn）。

2. 无规定动物疫病小区评估管理办法

（1）立规目的。推进动物疫病区域化管理，规范实施无规定动物疫病小区建设和评估活动，有效控制和消灭动物疫病，提高动物卫生及动物产品安全水平，促进动物及动物产品贸易。

（2）动态调整。为贯彻落实《国务院办公厅关于加强非洲猪瘟防控工作的意见》（国办发〔2019〕31号）和《国务院办公厅关于稳定生猪生产促进转型升级的意见》（国办发〔2019〕44号）精神，指导各地建设无规定动物疫病小区，规范评估管理活动，农业农村部结合当前动物疫病防控实际，组织制定了《无规定动物疫病小区评估管理办法》。

（3）核心作用。通过分级评估机制和免疫/非免疫无规定动物疫病区分类管理，构建了覆盖养殖、流通、检疫全链条的疫病联防联控体系。通过疫病净化场与无疫小区建设，阻断口蹄疫、非洲猪瘟等疫病的跨区域传播风险；依托常态化监测和应急管理，提升动物卫生风险预警能力；同时为国内畜产品出口提供国际认证依据，降低贸易壁垒对畜牧业的影响。

现行《无规定动物疫病小区评估管理办法》全文可见中华人民共和国农业农村部网站（http://www.moa.gov.cn）。

3. 动物检疫管理办法

（1）立规目的。加强动物检疫活动管理，预防、控制、净化、消灭动物疫病，防控人畜共患传染病，保障公共卫生安全和人体健康。

（2）动态调整。2022年9月7日农业农村部令2022年第7号公布，自2022年12月1日起施行。

（3）核心作用。该办法通过分级管理机制和分类检疫规则，构建了动物疫病风险全流程防控体系，规范检疫程序，阻断口蹄疫、非洲猪瘟等疫病传播；依托信息化系统实现动物及产品流向追溯，提升检疫效率；通过无害化处理要求降低公共卫生风险，同时为畜牧业健康发展和国际贸易提供制度保障。

现行《动物检疫管理办法》全文可见中华人民共和国农业农村部网站（http://www.moa.gov.cn）。

4. 动物防疫条件审查办法

（1）立规目的。规范动物防疫条件审查，有效预防、控制、净化、消灭动物疫病，防控人畜共患传染病，保障公共卫生安全和人体健康。

（2）动态调整。2022年9月7日农业农村部令2022年第8号公布，自2022年12月1日起施行。

（3）核心作用。通过分级分类管理机制和标准化防疫条件设定，构建了动物疫病源头防控体系。通过规范动物防疫条件合格证审查程序，明确场所建设与运营的法定标准；通过购销台账、日常巡查等制度强化全链条防疫责任，阻断非洲猪瘟等重大疫病传播路径；依托信息化系统实现审查数据动态管理，为养殖业健康发展和动物产品安全流通提供制度保障。

现行《动物防疫条件审查办法》全文可见中华人民共和国农业农村部网站（http://www.moa.gov.cn）。

（二）病原微生物管理规章

1. 高致病性动物病原微生物实验室生物安全管理审批办法

（1）立规目的。规范高致病性动物病原微生物实验室生物安全管理的审批工作。

（2）动态调整。2005年5月20日农业部令第52号公布，2016年5月3日农业部令2016年第3号修订。

（3）核心作用。该办法通过分级审批机制和分类管控，构建了高风险实验活动的准入与监管体系。其核心作用包括：规范《高致病性动物病原微生物实验室资格证书》的申请流程，确保实验室建设符合国家标准；通过实验活动许可制度和常态化巡查，阻断病原微生物跨区域传播风险；同时为科研机构开展重大动物疫病防控研究提供合法化路径，平衡生物安全与科研创新需求。

现行《高致病性动物病原微生物实验室生物安全管理审批办法》全文可见中华人民共和国农业农村部网站（http://www.moa.gov.cn）。

2. 动物病原微生物分类名录

（1）立规目的。通过依法界定动物病原微生物风险等级，明确不同类别微生物的实验活动生物安全要求，为实验室分级管理、病原保藏及运输监管提供法定依据。通过科学分类，强化实验室生物安全防控能力，阻断病原扩散风险，保障养殖业生产安全、公共卫生安全及生态环境安全。

（2）动态调整。根据《病原微生物实验室生物安全管理条例》第七条、第八条的规定进行制定，2005年05月24日农业部令第53号发布生效。

（3）核心作用。通过划定一至四类动物病原微生物范围，明确不同等级实验室的实验活动权限。为实验室备案提供病原分类依据；指导保藏机构规范菌（毒）种管理；同时为跨区域联防联控、动物疫病诊断技术研发提供统一的风险评估框架。

现行《动物病原微生物分类名录》全文可见中华人民共和国农业农村部网站（http://www.moa.gov.cn）。

3. 动物病原微生物菌（毒）种保藏管理办法

（1）立规目的。通过规范菌（毒）种和样本的集中保藏制度，明确国家级、省级保藏机构的设立条件与职责，强化动物病原微生物全生命周期管理，防止菌（毒）种流失、滥用或不当扩散，保障生物安全实验室合规运行。立法依据《中华人民共和国动物防疫法》《病原微生物实验室生物安全管理条例》和《兽药管理条例》等法律法规，构建从收集、鉴定到保藏的全链条风险防控框架。

（2）动态调整。2008年11月26日农业部令第16号公布；2016年5月30日农业部令2016年第3号、2022年1月7日农业农村部令2022年第1号修订。

（3）核心作用。通过建立菌（毒）种分类保藏制度和分级授权机制，实现动物病原微生物的安全管控。规范保藏机构职责，阻断非授权机构私自保藏风险；通过数据库建设和定期安全检查，提升菌（毒）种追溯能力；为兽用生物制品研发、重大动物疫病防控技术研究提供标准化生物资源支撑。

现行《动物病原微生物菌（毒）种保藏管理办法》全文可见中华人民共和国农业农村部网站（http://www.moa.gov.cn）。

（三）兽医管理规章

1. 执业兽医和乡村兽医管理办法

（1）立规目的。维护执业兽医和乡村兽医合法权益，规范动物诊疗活动，加强兽医和乡村兽医队伍建设，保障动物健康和公共卫生安全，并依据《中华人民共和国动物防疫法》构建统一的执业资格准入、备案管理和继续教育框架，以达到提升兽医队伍专业化水平，强化动物疫病防控能力，平衡兽医服务供给与养殖业发展需求的目的。

（2）动态调整。2022年9月7日农业农村部令2022年第6号公布，2022年10月7日起施行。农业部2008年11月26日公布，2013年9月28日、2013年12月31日修订的《执业兽医管理办法》和2008年11月26日公布，2019年4月25日修订的《乡村兽医管理办法》同时废止。

（3）核心作用。通过执业兽医资格考试制度和乡村兽医备案管理制度，明确两类兽医的执业边界与责任。其作用包括：建立信息化管理系统（如全国执业兽医信息数据库），实现动态监管；通过强制继续教育计划和行业协会支持机制，提升兽医服务能力；优先将乡村兽医纳入村级动物防疫体系，保障基层动物疫病防控效能。

现行《执业兽医和乡村兽医管理办法》全文可见中华人民共和国农业农村部网站（http://www.moa.gov.cn）。

2. 动物诊疗机构管理办法

（1）立规目的。《动物诊疗机构管理办法》旨在加强动物诊疗机构管理，规范动物诊疗行为，保障公共卫生安全，依据《中华人民共和国动物防疫法》建立统一的动物诊疗许可制度，明确诊疗机构设立标准及监管部门职责，确保动物诊疗活动合法合规、风险可控。其核心目标是防控人畜共患病传播风险，维护动物源性食品安全及生态环境安全。

（2）动态调整。《动物诊疗机构管理办法》已经 2008 年 11 月 4 日农业部第 8 次常务会议审议通过，现予发布，自 2009 年 1 月 1 日起施行。2022 年 8 月 22 日，《动物诊疗机构管理办法》完成修订，2022 年 9 月 7 日农业农村部令 2022 年第 5 号公布，自 2022 年 10 月 7 日起施行。

（3）核心作用。通过诊疗许可制度和诊疗机构准入条件，严格规范动物诊疗机构的设立与运营。可实现建立诊疗机构信息数据库实现动态监管，强制推行诊疗废弃物专业无害化处理，要求疫情报告与卫生防护制度全覆盖，为动物疫病防控、宠物医疗行业规范化发展提供法律支撑。

现行《动物诊疗机构管理办法》全文可见中华人民共和国农业农村部网站（http://www.moa.gov.cn）。

（四）兽药管理规章

1. 新兽药研制管理办法

（1）立规目的。保证兽药的安全、有效和质量，规范兽药研制活动。

（2）动态调整。2005 年 8 月 31 日农业部令第 55 号公布；2016 年 5 月 30 日农业部令 2016 年第 3 号、2019 年 4 月 25 日农业农村部令 2019 年第 2 号修订。

（3）核心作用。针对新兽药临床前研究包括药学、药理学、毒理学研究和安全性评价及临床试验发布了有关技术指导原则，保证了新兽药研制的规范化和科学性，促进兽药行业快速健康发展。

2. 兽药注册管理办法

（1）立规目的。保证兽药安全、有效和质量可控，规范兽药注册行为。

（2）动态调整。2004 年 11 月 24 日农业部令第 44 号公布，自 2005 年 1 月 1 日起施行。

（3）核心作用。明确新兽药研发注册申请、进口兽药注册等环节的要求，确保数据真实性和资料完整性，防止重复申请或虚假申报；促进养殖业发展，通过加快审批流程，支持创新药物研发，提升养殖业抗风险能力；维护市场秩序，通过分类管理（如处方药与非处方药区分）、储备制度等措施，规范生产、经营和使用行为，保障市场公平性。

3. 兽药产品批准文号管理办法

（1）立规目的。加强兽药产品批准文号的管理。

（2）动态调整。2015 年 12 月 3 日农业部令 2015 年第 4 号公布；2019 年 4 月 25 日农业农村部令 2019 年第 2 号修订；2022 年 1 月 7 日农业农村部令 2022 年第 1 号修订后重新公布。

（3）核心作用。确保兽药产品质量与安全，通过制定国家标准、生产工艺和生产条件等要求，确保兽药产品符合质量标准，避免因生产不规范导致的质量问题；强化监管体系，明确农业农村部与地方兽医行政管理部门的管理职责，建立全国统一的审批、监督和质量追溯机制，打击虚假申报、仿制、假冒等违法行为；促进产业创新，严格的兽药质量管理，推动企业加强技术研发和产品创新，避免同质化竞争，提升行业整体水平；保障养殖业发展，通过严格审批和监管，确保兽药有效性、安全性，间接保护动物健康，维护食品安全链的源头质量。

4. 兽药标签和说明书管理办法

（1）立规目的。为加强兽药监督管理，规范兽药标签和说明书的内容、印制、使用活动，保障兽药使用的安全有效。

（2）动态调整。2002 年 10 月 31 日农业部令第 22 号公布，自 2003 年 3 月 1 日起施行；2004 年 7 月 1 日农业部令第 38 号、2007 年 11 月 8 日农业部令第 6 号、2017 年 11 月 30 日农业部令 2017 年第 8 号予以修订。

（3）核心作用。该办法对兽药标签和说明书的印制信息都有了明确要求，包括兽用标识、兽药名称、主要成分、适应症（或功能与主治）、用法与用量、含量/包装规格、批准文号或《进口兽药登记许可证》证号、生产日期、生产批号、有效期、停药期、贮藏、包装数量、生产企业信息等内容。该办法具有禁止夸大兽药疗效，避免误导消费的作用。

5. 兽药生产质量管理规范

（1）立规目的。加强兽药生产质量管理。

（2）动态调整。2002 年 3 月 19 日农业部令第 11 号公布；2017 年 11 月 30 日农业部令 2017 年第 8 号修订；2020 年 4 月 21 日农业农村部令 2020 年第 3 号再次修订并公布，自 2020 年 6 月 1 日起施行。

（3）核心作用。督促兽药生产企业建立符合兽药质量管理要求的质量目标，将兽药有关安全、有效和质量可控的所有要求，系统地贯彻到兽药生产、控制及产品放行、贮存、销售的全过程中，确保所生产的兽药符合注册要求。《兽药生产质量管理规范》的实施对兽药生产企业硬件条件、软件条件和人员及其培训都有严格要求，对规范兽药生产企业行为、促进兽药行业健康发展发挥了重要保障作用。

6. 兽药经营质量管理规范

（1）立规目的。加强兽药经营质量管理，保证兽药质量。

（2）动态调整。《兽药经营质量管理规范》于 2010 年 1 月 15 日公布（农业部令 2010 年第 3 号），2017 年 11 月 30 日农业部令 2017 年第 8 号做了部分修订。

（3）核心作用。兽药经营企业必须通过《兽药经营质量管理规范》认证（简称"兽药 GSP 认证"）才算是合法经营兽药。《兽药生产质量管理规范》的强制实施，改变了中国兽药生产格局，而兽药 GSP 认证对中国兽药经营企业的现状、兽药经营格局、营销体系和服务体系产生重大影响，兽药经营模式已经沿着夫妻店→店铺经营→公司化运作→诊疗化服务商→兽药营销专业规范化运作方向变革。该办法的实施强化了兽药使用环节管理，推动中国兽药的未来销售逐步向运作规范、管理简单、服务深入方向发展。

7. 兽用生物制品经营管理办法

（1）立规目的。加强兽用生物制品经营管理，保证兽用生物制品质量。

（2）动态调整。2021 年 3 月 17 日农业农村部令 2021 年第 2 号公布，自 2021 年 5 月 15 日起施行。

（3）核心作用。兽用生物制品主要包括血清制品、疫苗、诊断制品和微生态制品等，该办法详细规定了兽用生物制品的定义、分类、生产、销售、使用等各个环节的管理要求，旨在通过规范操作流程，提升兽用生物制品的质量和安全性。该办法的实施可有效加强兽用生物制品的经营管理，保障动物健康和公共卫生安全。

8. 兽用处方药和非处方药管理办法

（1）立规目的。加强兽药监督管理，促进兽医临床合理用药，保障动物产品安全。

（2）动态调整。2013 年 9 月 11 日农业部令 2013 年第 2 号公布，自 2014 年 3 月 1 日起施行。

（3）核心作用。该办法的实施促进兽医在临床中合理使用药物，减少不当用药和过量用药的情况，从而保障动物产品的安全，有效减少药物残留和药物滥用的情况，对维护公共卫生安全和人类健康具有重大意义。

9. 兽药进口管理办法

（1）立规目的。加强进口兽药的监督管理，规范兽药进口行为，保证进口兽药质量。

（2）动态调整。2007 年 7 月 31 日农业部、海关总署令 2007 年第 2 号公布；2019 年 4 月 25 日农业农村部令 2019 年第 2 号、2022 年 1 月 7 日农业农村部令 2022 年第 1 号修订。

（3）核心作用。对进口兽药实行目录管理，《进口兽药管理目录》由农业农村部会同海关总署制定、调整并公布。已取得注册证书的兽药产品，需在进口时逐批申请通关，由中国境内代理商向兽药进口口岸所在地省级兽医主管部门申请、核发《进口兽药通关单》，农业农村部负责监督，海关凭单放行。该办法对保证进口兽药质量、规范市场秩序、打击非法走私进口兽药，保护国内兽药生产企业的合法权益和国家生物安全，确保食用动物产品安全，维护人体健康发挥了重要作用。

第七章 展 望

中国畜牧兽医管理体系在国家深化改革过程中实现了机构职能与层级协同、制度框架和运行机制的动态调整和系统性完善，为畜禽品种改良和新品种推广应用，控制和扑灭重大动物疫病，保障肉蛋奶供给和人民群众的身体健康，提高动物产品的质量安全水平和国际竞争力，以及促进农业和农村经济发展，发挥了巨大作用。行政管理基本法律以《中华人民共和国畜牧法》《中华人民共和国动物防疫法》为核心框架，结合配套规章已基本形成多层次管理体系。中国现代畜牧业已在政策驱动、科技创新及绿色转型中呈现多维发展格局，并沿着绿色低碳、安全高效、可持续发展的方向迈进。

一、产业升级与规模化发展

（一）规模化与集约化

大型养殖企业和合作社逐步取代传统家庭养殖模式，通过智能设备和标准化流程提升效率并降低成本。2023年6月9日农业农村部、国家发展和改革委员会、财政部、自然资源部联合印发《全国现代设施农业建设规划（2023—2030年）》，以习近平新时代中国特色社会主义思想为指导，以稳产保供和满足市场多样化、优质化消费需求为目标，以优化现代设施农业布局、适度扩大规模、升级改造老旧设施为重点，以提高光热水土等农业资源利用率和要素投入产出率为核心，以强化技术装备升级和现代科技支撑为关键，持续提升现代设施农业集约化、标准化、机械化、绿色化、数字化水平，构建布局科学、用地节约、智慧高效、绿色安全、保障有力的现代设施农业发展格局，为拓展食物来源、保障粮食和重要农产品稳定安全供给提供有力支撑，到2030年全国畜牧养殖规模化率达到83%，设施农业机械化率达到60%，全国设施农产品质量安全抽检合格率稳定在98%。

2025年4月由中国农业科学院农业信息研究所主办、农业农村部市场预警专家委员会指导，农业部农村部经济研究中心、信息中心和农业贸易促进中心等协办的农业展望大会在北京召开，大会发布了《中国农业展望报告（2025—2034）》，未来10年中国农产品供给保障能力将实现量质全方位提升，肉类消费总体保持增长，其中猪肉消费将小幅下降，禽肉消费持续增加，牛肉、羊肉消费逐步转强。

（二）全产业链协同

现代畜牧企业构建"饲料-养殖-加工"全链条体系，并通过数智平台覆盖到牧场，实现供应链降本增效。

二、科技支撑与创新驱动

（一）智能化应用

物联网、人工智能等技术应用于环境监控、精准饲喂及疫病预警，如"智慧猪场""云养牛"系统的应用，提升了养殖管理效率。

（二）育种与疫病防控

强化畜禽遗传资源保护和良种选育，同时通过疫苗研发与生物安全体系降低疫病风险，保障产能稳定性。

三、绿色发展与低碳转型

（一）循环经济模式

推广种养结合、粪污资源化利用，构建"零排放、减碳排"环保体系，减少温室气体排放。

（二）标准化减碳

制定畜产品碳足迹核算国家标准，推动行业减排规范化。

四、政策与治理体系完善

（一）法规保障

新修订的《中华人民共和国畜牧法》（2023年实施）明确支持规模化、智能化养殖，并强化疫病防控与质量安全监管。

（二）制度体系建设

为切实提升畜牧兽医综合服务水平，就需要加快制度体系建设，建立健全畜禽种质资源管理、动物防疫监督、动物产品质量安全监督、兽药监督管理、养殖业环境控制、实验室检测应急情况处理工作体系和技术规范，不断完善畜牧兽医基层组织内部的管理制度，狠抓制度的有效落实，加快构建学习、高效、诚实、和谐的工作队伍，努力提高整个畜牧兽医技术服务效率。通过加强对牲畜和畜牧兽医人员的技术服务的有效性评估，改进对传染性疾病流行病学调查的预防评估方法，对动物性产品的药物残留监管、重大传染性疾病的预防和管理进行有效的完善，提升工作成效。

（三）ESG 治理深化

ESG 是英文 Environmental（环境）、Social（社会）和 Governance（公司治理）的缩写，是一种关注企业非财务绩效的投资理念和企业评价标准。它通过这三个维度衡量企业在可持续发展和社会责任方面的表现，帮助评估企业的长期价值和风险管理能力。企业将 ESG 指标纳入高管考核，如牧原股份通过"战略融入-架构保障-考核驱动"模式，实现可持续发展目标与绩效挂钩。

五、市场与风险管理

（一）成本优化

通过供应链整合与融资结构优化降低运营成本，包括产品销售成本和融资成本都得到降低。

（二）质量安全追溯

建立全链条质量监控体系，强化食品安全标准及可追溯机制，应对消费升级需求。

六、区域发展不均衡

当前中国畜牧兽医管理体系仍面临区域发展不均衡、基层人才短缺等问题。未来需通过政策倾斜、技术培训等途径，推动管理能力的全面提升。

综上，中国现代畜牧业以规模化、智能化和绿色化为核心，通过政策引导、技术创新及管理体制机制优化，聚焦服务现代畜牧业高质量发展，逐步实现构建形成高效、可持续发展的产业生态。

参考文献

REFERENCES

国家职业分类大典修订工作委员会 . 中华人民共和国职业分类大典〔M〕. 北京：中国劳动社
  会保障出版社，2022

农业部兽医局 . 兽医法规汇编（第二版）〔M〕. 北京：中国农业出版社，2016

中国农业出版社 . 畜牧兽医行业标准汇编（2025）〔M〕. 北京：中国农业出版社，2025

　　为了促进中国和东盟国家共同打造更高水平的战略伙伴关系，构建更为紧密的命运共同体，2020 年由广西农业职业技术学院牵头倡议发起成立中国—东盟农业职业教育联盟。2024 年 5 月，农业农村部国际交流服务中心评定广西农业职业技术大学为农业涉外培训交流点。2024 年 11 月，农业农村部对外经济合作中心与广西农业职业技术大学签署《农业涉外培训教学共建点实施方案》，学校成为农业农村部对外经济合作中心指定的国家级涉外农业培训教学基地，将为更多国家的政府官员、企业管理者和行业技术人员提供定期培训服务。2023 年，作者申请获得中国—东盟职业教育研究重点资助课题，依托学校国际化办学成果，作者认为编写《中国畜牧兽医管理体系》的专著，对"一带一路"背景下开展中国—东盟现代畜牧技术交流与合作，助力开展"中文＋技术创新"培养培训，给东盟国家的畜牧兽医事业发展输出"中国智慧""中国方案"具有重要的意义。

　　本书在编著过程中，相关材料及数据的收集遇到了不少的挑战和困难。由于中国实施改革开放政策 40 年来畜牧业得到飞速发展，畜牧兽医的管理机构和职能、技术标准和法律法规等发生了天翻地覆的变化，许多材料数据都要通过多种方式去收集、求证，方使专著的内容更为系统和翔实，才能全面客观反映中国畜牧兽医管理体系发展沿革和取得的成就。研究团队实事求是，精益求精，几易其稿，高标准、高质量地开展了编著工作。历时一年多的时间，全书终于完成并出版发行。本书是 2023 年中国—东盟职业教育研究重点课题"中国—老挝'畜牧兽医技术员'国家职业标准共建的实践研究"（项目编号：ZGD-MKT2023ZD005）与 2023 年度广西职业教育教学改革研究项目"职业本科院校畜牧兽医专业群建设的数字化转型研究与实践"（项目编号：GXGZJG2023B099）的重要研究成果。

　　本书的完成离不开行业同仁的支持和团队成员的积极贡献。感谢农业农村部、全国标准信息公共服务平台等机构提供的政策文件与数据支持，以及各地畜牧兽医工作者的经验分享。期待本书能为中国—东盟沿线国家畜牧行业管理者、科研人员及从业者提供参考，共同推动区域现代畜牧业的高质量发展。

编　者

2025 年 7 月

图书在版编目（CIP）数据

中国畜牧兽医管理体系 / 陆有飞主编. —— 北京：
中国农业出版社，2025.8. -- ISBN 978-7-109-33634-6

Ⅰ. S8

中国国家版本馆 CIP 数据核字第 20257EZ376 号

中国畜牧兽医管理体系
ZHONGGUO XUMU SHOUYI GUANLI TIXI

中国农业出版社出版

地址：北京市朝阳区麦子店街 18 号楼

邮编：100125

责任编辑：宁雪莲　　文字编辑：宁雪莲

版式设计：王　怡　　责任校对：吴丽婷

印刷：中农印务有限公司

版次：2025 年 8 月第 1 版

印次：2025 年 8 月北京第 1 次印刷

发行：新华书店北京发行所

开本：700mm×1000mm　1/16

印张：5.75

字数：116 千字

定价：38.00 元
